BIBLIOTHÈQUE DES MERV

LA
NAVIGATION AÉRIENNE

L'AVIATION
ET LA DIRECTION DES AÉROSTATS
dans les temps anciens et modernes

PAR

GASTON TISSANDIER

... L'avenir est à la navigation aérienne
et le devoir du présent est de travailler
à l'avenir....
VICTOR HUGO (*Lettre à l'auteur*

OUVRAGE ILLUSTRÉ DE 99 VIGNETTES

PARIS
LIBRAIRIE HACHETTE ET Cie
79, BOULEVARD SAINT-GERMAIN, 79

1886
Droits de propriété et de traduction réservés

L'aérostat dirigeable de MM. les Capitaines Renard et Krebs
au-dessus de l'usine aéronautique de Chalais-Meudon.

BIBLIOTHÈQUE
DES MERVEILLES

PUBLIÉE SOUS LA DIRECTION

DE M. ÉDOUARD CHARTON

LA NAVIGATION AÉRIENNE

PRINCIPAUX OUVRAGES DE M. G. TISSANDIER

L'Eau, 5ᵉ édition. 1 vol. in-18 illustré. Hachette et Cⁱᵉ.

La Houille, 4ᵉ édition. 1 vol. in-18 illustré. Hachette et Cⁱᵉ.

Les Fossiles, 3ᵉ édition. 1 vol. in-18 illustré. Hachette et Cⁱᵉ.

La Photographie, 3ᵉ édition. 1 vol. in-18 illustré. Hachette et Cⁱᵉ.

Eléments de chimie, 7ᵉ édition. 4 vol. in-18 avec de nombreuses figures (En collaboration avec M. PP. Dehérain), Hachette et Cⁱᵉ.

Causeries sur la science, 2ᵉ édition. 1 vol. in-18 illustré. Hachette et Cⁱᵉ.

Les martyrs de la science, 2ᵉ édition. 1 vol. in-8°, avec 20 vignettes par Gilbert. Maurice Dreyfous.

Les héros du travail, 2ᵉ édition. 1 vol. in-8°, avec 20 vignettes par Gilbert. Maurice Dreyfous.

Les poussières de l'air. 1 vol. in-18 avec figures et planches hors texte. Gauthier-Villars.

Les récréations scientifiques ou l'enseignement par les jeux. 1 vol. in-8° avec de nombreuses figures et 4 planches hors texte. Ouvrage couronné par l'Académie française, 4ᵉ édition. G. Masson.

L'océan aérien. Études météorologiques. 1 vol. in-8° avec de nombreuses gravures. G. Masson.

La Nature. Revue des sciences et de leurs applications aux arts et à l'industrie. Journal hebdomadaire illustré. Gaston Tissandier, rédacteur en chef. 2 vol. grand in-8° par an depuis 1873. G. Masson.

L'héliogravure, son histoire et ses procédés. Conférence faite au cercle de la librairie. 1 broch. in-8°. (Epuisé).

Histoire de la gravure typographique. Conférence faite au cercle de la librairie. 1 broch. in-8°. (Epuisé).

Histoire de mes ascensions. Récit de 30 voyages aériens, précédé de simples notions sur les ballons, 4ᵉ édition. 1 vol. in-8° avec de nombreuses illustrations, par M. Albert Tissandier. Maurice Dreyfous.

En ballon pendant le siège de Paris. Souvenirs d'un aéronaute. 1ᵉ vol. in-8°. E. Dentu.

Deux conférences sur les aérostats et la navigation aérienne. 1 broch. in-18, S. Molteni.

Les ballons dirigeables. Application de l'électricité à la navigation aérienne. 1 vol. in-18 avec 35 figures et 4 planches hors texte. Gauthier-Villars.

Observations météorologiques en ballon. 1 vol. in-18 avec figures. Gauthier-Villars.

Voyages dans les airs. 1 vol. in-18 illustré. Hachette et Cⁱᵉ.

Le grand ballon captif à vapeur de M. Henry Giffard. 2ᵉ édition, avec de nombreuses gravures par Albert Tissandier. (Épuisé). G. Masson.

12787. — Imprimerie A. Lahure, rue de Fleurus, 9, à Paris.

PRÉFACE

Parmi les nombreux problèmes que l'homme s'est proposé de résoudre, il n'en est peut-être pas de plus difficile que celui de la navigation aérienne.

Des ailes! Des ailes! a pu dire le poète dès les premiers âges du monde. Oui des ailes, pour voler comme l'oiseau, pour parcourir les espaces sans rencontrer d'obstacles, pour planer dans cet océan sans rivages que nous appelons l'atmosphère. Mais la mécanique impuissante n'a pas encore su les construire.

Il a fallu, après des milliers d'années de conceptions vaines, que les frères Montgolfier aient songé à remplir d'air chaud et raréfié, un sac de papier de grand volume, et l'art aéronautique a été créé. L'hydrogène remplaçant l'air chaud, le ballon à gaz a succédé à la Montgolfière.

L'aérostat a permis à l'explorateur de s'affranchir des lois de la pesanteur, de quitter la surface du sol, pour traverser les nuages, visiter le domaine des météores et pénétrer dans les hautes régions, au delà des limites que l'aigle lui-même n'a jamais atteintes.

On demande au ballon plus encore aujourd'hui. Bouée flottante au sein des courants, on exige de lui qu'il devienne vaisseau ; on veut qu'il obéisse à l'action d'un propulseur puissant et léger, et qu'il nous conduise, non pas où le vent le mène, mais où nous voulons aller.

Grand problème, dont les conséquences sont incalculables.

La conquête de l'air par les aérostats dirigeables, déjà commencée depuis peu, sera continuée dans le présent, et achevée dans l'avenir.

C'est notre conviction profonde. Nous avons essayé de la faire partager à nos lecteurs, non par des mots. mais par des faits ; non par des conjectures et des hypothèses, mais par l'exposé méthodique des idées émises, des essais proposés, des travaux accomplis, et des expériences réalisées.

G. T.

Octobre 1885.

PREMIÈRE PARTIE

LA LOCOMOTION AÉRIENNE AVANT LES MONTGOLFIER

> ... Terras licet, inquit et undas
> Obstruat ; at certe cœlum patet : ibimus illac....
> *(La terre et les ondes nous sont fermées,
> mais le ciel est ouvert : nous irons par ce
> chemin.)*
>
> Ovide, *Métamorphoses*, lib. VIII, fab. iv.

> Peut estre sera inventée herbe moyennant la-
> quelle pourront les humains visiter les sources
> des gresles, les bondes des pluyes et l'officine des
> fouldres.
>
> Rabelais, *Pantagruel*, liv. III, chap li.

I

LA LÉGENDE DES HOMMES VOLANTS

Dédale et Icare. — La flèche d'Abaris. — La colombe volante d'Archytas. — Roger Bacon. — Dante de Pérouse. — Appareil volant de Besnier. — Les poètes et les romanciers. — Cyrano de Bergerac. — Pierre Wilkins. — Rétif de la Bretonne. — M. de la Folie.

Il est certain que dans tous les temps, les hommes de hardiesse qui, dès les premiers âges du monde, avaient le sentiment de l'exploration, le goût des voyages, le désir de parcourir les mers et de s'éloigner du rivage sur des barques plus ou moins primitives, ont dû se demander s'il ne serait pas possible d'imiter l'oiseau et de quitter la terre en s'élevant dans l'atmosphère. Les légendes de l'antiquité abondent en récits de tentatives de ce genre. Ovide a retracé notamment les aventures de Dédale qui, pour fuir la colère de Minos, roi de Crète, fabriqua des ailes qui lui permirent de se sauver de l'île où il était prisonnier avec son fils Icare. Dédale réussit à s'évader, mais Icare ayant volé trop haut, la cire qui liait ses ailes se fondit au soleil, et il tomba dans la mer.

Des histoires analogues se retrouvent dans des temps plus reculés encore. Dans le tome Ier des *Religions de l'Inde*[1], on lit : « Hanouman monta sur le sommet d'une colline et, après avoir pris les conseils du sage Jambaranta, il s'élança dans les airs et alla tomber dans le Lanka, ainsi qu'il l'avait espéré. » La Bible rapporte que le prophète Élie fut enlevé par un char de feu.

Dans la *Salle des dieux*, au musée égyptien du Louvre, il existe une petite plaque de bronze d'une

Fig. 1. — Bronze égyptien représentant un homme volant.

haute antiquité, où l'on voit en relief un homme volant les deux ailes étendues (fig. 1). Il est vrai que l'on s'accorde à considérer cette pièce comme une composition symbolique plutôt que comme la représentation d'un appareil d'aviation.

Abaris, d'après les récits de Diodore de Sicile, aurait fait le tour de la Terre, assis sur une flèche d'or. L'oracle du temple d'Hiéropolis se serait élevé dans les airs. Sous Néron, Simon le Magi-

1. *Religions de l'Inde* (Buchon direct.), t. I, p. 162.

cien aurait aussi connu le moyen de voler dans l'espace. Les Capnobates, peuple de l'Asie Mineure, dont le nom signifie *marcheurs par la fumée*, auraient trouvé le moyen de s'élever à l'aide de l'air raréfié par le feu.

Reproduire avec détails des fables de ce genre, n'aurait qu'un intérêt purement mythologique. Là n'est pas notre but; nous voulons passer en revue les expériences qui ont pu être faites, et les idées rationnelles qui ont pu être émises au sujet de la navigation aérienne avant les Montgolfier. Sans chercher des documents dans les traités d'aérostation écrits depuis un siècle et qui, la plupart du temps, se recopient les uns les autres, je me suis efforcé de remonter aux sources originales afin d'offrir au lecteur des renseignements inédits, sûrs et précis.

Le premier document que les historiens spéciaux aient signalé au sujet des appareils de vol mécanique, est relatif à la colombe volante d'Archytas[1]. On a beaucoup écrit à ce sujet, mais en oubliant trop souvent le texte original. Il n'existe, à notre connaissance, aucun autre texte que celui des *Nuits attiques* d'Aulu-Gelle. Or, voici ce qu'Aulu-Gelle a écrit, d'après la traduction française de la collection Nisard : « Les plus illustres des auteurs grecs, et, entre autres, le philosophe Favorinus, qui a recueilli avec tant de soins les vieux souvenirs, ont

---

1. Archytas de Tarente, célèbre phytagoricien, était un mathématicien profond et un mécanicien habile. Il vivait 400 ans avant l'ère chrétienne. On lui doit de grandes inventions, notamment celles de la vis, de la poulie et du cerf-volant.

raconté du ton le plus affirmatif qu'une colombe de bois, faite par Archytas à l'aide de la mécanique, s'envolait; sans doute elle se soutenait au moyen de l'équilibre, et l'air qu'elle renfermait secrètement la faisait mouvoir[1]. »

Voilà tout ce que l'histoire a laissé; cette phrase laconique n'autorise en aucune façon les affirmations qui ont été publiées postérieurement par des écrivains trop crédules. Dans plusieurs autres auteurs, Cassiodore, Michel Glycas, etc., on trouve des histoires vagues d'oiseaux artificiels qui volaient et qui chantaient. Il semble à peu près certain qu'il s'agit de contes imaginaires, bien plutôt que de faits réels.

Il n'en est pas moins vrai que des appareils d'aviation ont été expérimentés depuis des temps très reculés.

Au onzième siècle, Olivier de Malmesbury, savant bénédictin anglais, entreprit de voler en s'élevant du haut d'une tour, mais les ailes qu'il avait attachées à ses bras et à ses pieds n'ayant pu le porter, il se cassa les jambes en tombant, et mourut à Malmesbury en 1060[2].

Au douzième siècle, un Sarrasin, qui passa d'abord pour magicien, fit, d'après la légende, une tentative de vol aérien à Constantinople, sous le règne d'Emmanuel Comnène. Il était monté sur le haut de la

1. Aulu-Gelle, *Nuits attiques*, X, 12.
2. Extrait d'un mémoire sur le vol lu à l'Académie de Lyon le 11 mai 1773, par M. Mongez, chanoine régulier de la Congrégation de France. — *Essai sur l'art du vol aérien*, Paris, 1784.

tour de l'hippodrome. Il était debout, vêtu d'une robe blanche fort longue et fort large, dont les pans, retroussés avec de l'osier, lui devaient servir de voile pour recevoir le vent. Il s'éleva comme un oiseau, mais son vol fut aussi infortuné que celui d'Icare. Il se brisa les os[1].

Au treizième siècle, le moine anglais Roger Bacon a affirmé, dans son livre : *De mirabili potestate artis et naturæ*, que l'homme pourrait un jour voler dans l'atmosphère; mais il ne donne aucune indication sur un mécanisme quelconque, et il se contente d'une simple prophétie :

« On fabriquera des instruments pour voler, au moyen desquels l'homme assis fera mouvoir quelque ressort qui mettra en branle des ailes artificielles comme celles des oiseaux. » Et rien de plus. Une hypothèse exprimée de cette manière, ne permet assurément pas de compter Roger Bacon au nombre des précurseurs des Montgolfier.

Au quinzième siècle, Jean Muller, dit *Regiomontanus*, aurait construit une mouche de métal qui se soutenait dans l'air, et un aigle de fer qui serait allé au-devant de l'empereur Frédéric IV et aurait volé sur un parcours de mille pas aux environs de Nuremberg. Ces récits sont peu vraisemblables.

On a encore souvent parlé de Dante de Pérouse qui, au quatorzième siècle, aurait réussi à construire des ailes artificielles au moyen desquelles il se serait élevé et aurait franchi le lac Trasimène.

1. *Histoire de Constantinople*, par Cousin.

Ce récit a été mentionné par Henri Paulrau dans son *Dictionnaire de physique*, en 1789. Je suis arrivé à me procurer un livre plus ancien, daté de 1678, et qui rapporte le même récit. Ce livre est intitulé : *Athenæum Augustum in quo Perusinorum scripta publice exponientur.* Il donne (p. 168) une courte biographie de *Baptista Dantius Perusinus*, et il affirme que l'expérience dont nous venons de parler a eu lieu; mais on ne trouve aucun détail du mécanisme, ce qui ferait supposer que l'auteur reproduit un simple récit légendaire encore inspiré de celui d'Icare.

La tradition rapporte que sous Louis XIV un nommé Allard, danseur de corde, annonça qu'il ferait une expérience de vol, à Saint-Germain, en présence du roi. Il devait partir de la terrasse pour descendre dans les bois du Vésinet. L'expérience eut lieu, paraît-il, mais Allard tomba au pied même de la terrasse, et se blessa grièvement.

Il fut question en 1678 d'un appareil volant construit par un nommé Besnier. Les aviateurs ont souvent mentionné ce fait; j'ai pu me procurer encore le document original où il est signalé. C'est le *Journal des sçavans* du 12 décembre 1678; voici *in extenso* ce qui est dit de l'expérience de Besnier avec la reproduction de la figure (fig. 2).

EXTRAIT D'UNE LETTRE ESCRITE A MONSIEUR TOYNABD *sur une Machine d'une nouvelle invention pour vôler en l'air.*

M. Toinard a eu avis que le P. Besnier serrurier de Sablé au païs du Maine a inventé une machine à quatre aisles pour vôler. Quoy qu'il en attende une Figure et une Description plus exacte que celle-cy : l'on a crû que parceque ce Journal est le dernier de ceux que nous donnerons cette année avec celuy du Catalogue de tous les Livres et de la Table des Matières par où nous finissons toutes les années, le Public ne seroit pas fasché d'apprendre par advance une chose si extra-ordinaire.

A, aisle droite de devant. — B, aisle gauche de der-

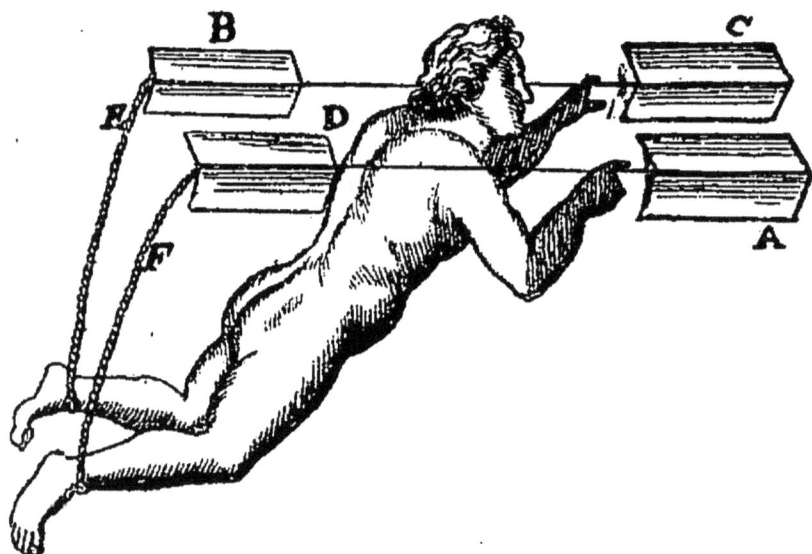

Fig. 2. — Appareil volant de Besnier. Reproduction par l'héliogravure de la figure du *Journal des sçavans* (1678).

rière. — C, aisle gauche de devant. — D, aisle droite de derrière. — E, fisselle du pied gauche qui fait baisser l'aisle D, lorsque la main gauche fait baisser l'aisle C. — F, fisselle du pied droit qui fait baisser l'aisle D lorsque la main gauche fait baisser l'aisle C.

Cette machine consiste en deux bastons qui ont à chaque bout un châssis oblong de taffetas, lequel châssis se plie de haut en bas comme des battants de volets brisés.

Quand on veut vôler, on ajuste ces bastons sur ses

espaules, en sorte qu'il y ait deux châssis devant et
deux derrière. Les châssis de devant sont remués par
les mains, et ceux de derrière, par les pieds, en tirant
une fisselle qui leur est attachée.

L'ordre de mouvoir ces sortes d'aisle est tel, que
quand la main droite fait baisser l'aisle droite de devant
marquée A, le pied gauche fait baisser par le moyen
de la fisselle E l'aisle gauche de derrière marquée B.
Ensuite la main gauche, faisant baisser l'aisle gauche
de devant marquée C, le pied droit fait baisser par le
moyen de la fisselle l'aisle droite de derrière marquée
D, et alternativement en diagonale.

Ce mouvement en diagonale a semblé très bien imaginé, puisque c'est celuy qui est naturel aux quadru-
pèdes et aux hommes quand ils marchent ou quand ils
nagent; et cela fait bien espérer de la réussite de la
machine. On trouve néanmoins que, pour la rendre
d'un plus grand usage, il y manque deux choses. La
première est *qu'il y faudroit adjouster quelque chose de
très léger et de grand volume, qui, estant appliqué à
quelque partie du corps qu'il faudroit choisir pour cela,
pust contrebalancer dans l'air le poids de l'homme ;* et
la seconde chose à désirer seroit que l'on y ajustât une
queüe, car elle serviroit à soutenir et à conduire celuy
qui voleroit; mais l'on trouve bien de la difficulté à
donner le mouvement et la direction à cette queüe,
après les différentes expériences qui ont esté faites
autrefois inutilement par plusieurs personnes.

La première paire d'aisles qui est sortie des mains
du sieur Besnier a esté portée à la Guibré, où un Bala-
din l'a acheptée et s'en sert fort heureusement. Presen-
tement, il travaille à une nouvelle paire plus achevée
que la première.

Il ne prétend pas néanmoins pouvoir s'élever de terre
par sa machine, ny se soutenir fort longtemps en l'air,
à cause du deffaut de la force et de la vitesse qui sont
nécessaires pour agiter fréquemment et efficacement ces

sortes d'aisles, ou en terme de volerie pour planer. Mais il asseure que, partant d'un lieu médiocrement élevé, il passeroit aisément une rivière d'une largeur considérable, l'ayant déjà fait de plusieurs distances et en différentes hauteurs.

Il a commencé d'abord par s'élancer de dessus un escabeau, ensuite de dessus une table, après, d'une fenêtre médiocrement haute, ensuite de celle d'un second étage, et enfin d'un grenier d'où il a passé par dessus les maisons de son voisinage, et s'exerçant ainsi peu à peu, a mis sa machine en l'estat où elle est aujourd'huy.

Si cet industrieux ouvrier ne porte cette invention jusqu'au point où chacun se forme des idées, ceux qui seront assez heureux pour la mettre dans sa dernière perfection, luy auront du moins l'obligation d'avoir donné une veüe dont les suites pourront peut-être devenir aussi prodigieuses que le sont celles des premiers essais de la navigation. Car quoy que ce que nous avons dit du Dante de Pérouse, que le *Mercure Hollandois* de l'année 1673 rapporte d'un nommé *Bérnoin qui se cassa le col en vôlant à Francfort, ce que l'on a vu mesme dans Paris, et ce qui est arrivé en plusieurs autres endroits*, fasse voir le risque et la difficulté qu'il y a de réüssir dans cette entreprise, il s'en pourroit enfin trouver quelqu'un qui seroit ou plus industrieux ou moins malheureux que ceux qui l'ont tentée jusqu'icy[1].

J'ai souligné les passages qui m'ont paru devoir attirer l'attention, soit au point de vue des idées théoriques émises, soit au point de vue historique. On voit que l'appareil représenté par le dessin du

---

1. *Journal des sçavans* du lundy 12 décembre m.dc.lxxviii, p. 426 et suiv. — A Paris, chez Jean Cusson, ruë S. Jacques à l'image de S. Jean Baptiste, 1678. *Avec privilège du Roy.*

Journal des sçavans ne saurait être construit avec
quelque chance de donner aucun résultat sérieux :
le document historique que nous avons reproduit
est insuffisant pour qu'il soit permis d'affirmer,
comme on l'a fait, que Besnier ait pu réussir dans
ses essais de vol aérien. Il ne serait pas impossible
cependant qu'un appareil analogue ait fonctionné
à la façon d'un parachute, mais alors il ne pouvait
avoir l'aspect de la figure.

Si, comme l'affirmait Borelli, aucun homme
n'avait pu réellement voler au moyen d'ailes artificielles, si comme nous le croyons aussi, l'expérience
des hommes volants n'a jamais réussi, le problème
du vol artificiel et de l'ascension dans l'atmosphère
a toujours préoccupé les esprits. Les romanciers,
dans tous les temps, ont souvent donné à leurs
personnages imaginaires la faculté de parcourir l'espace. Parmi les procédés qu'ils ont inventés, il en
est quelques-uns qui méritent d'être signalés.

On se rappelle le fameux tapis enchanté et le
cheval de bronze des *Mille et une nuits*. On connaît
aussi les récits de Cyrano de Bergerac et les aventures de son héros dans le *Voyage à la Lune*[1].

Voici comment je me donnai au ciel, dit Cyrano. J'avais
attaché autour de moi quantité de fioles pleines de ro-
sée, sur lesquelles le soleil dardait ses rayons si violemment que la chaleur qui les attirait, comme elle
fait les plus grosses nuées, m'éleva si haut, qu'enfin je

1. *Les œuvres de monsieur de Cyrano Bergerac*, à Amsterdam.
2 vol. in-18, 1709.

me trouvai au-dessus de la moyenne région ; mais comme cette attraction me faisait monter avec trop de rapidité, et qu'au lieu de m'approcher de la lune, comme je le prétendais, elle me paraissait plus éloignée qu'à mon partement, je cassai plusieurs de mes fioles, jusqu'à ce que je sentis que ma pesanteur surmontait l'attraction et que je redescendais vers la terre ; mon opinion ne fut pas fausse, car j'y retombai quelque temps après.

Dans sa relation des *États du Soleil*, Cyrano de Bergerac décrit une autre machine qu'il appelle *un oiseau de bois*. Swift dans ses aventures de *Gulliver* a décrit l'île de Laputa, qui plane au moyen de procédés électriques. Nous allons voir tout à l'heure l'électricité intervenir encore dans d'autres curieuses fantaisies aériennes

Un Anglais, l'évêque Wilkins, écrivain remarquable du dix-huitième siècle, a écrit un ouvrage sur les *Hommes volants*[1] où il discute sérieusement l'histoire et les conditions du vol artificiel. Rétif de la Bretonne l'a imité, dans son livre rare et curieux : *La découverte australe par un homme volant*[2] où il publie de charmantes vignettes représentant les aventures de son héros Victorin parcourant les divers pays au moyen de ses ailes artificielles.

Un autre livre rare et précieux que je possède

---

1. *Les hommes volans ou les aventures de Pierre Wilkins.* Traduites de l'anglais et ornées de figures en taille-douce. 3 vol. in-18 à Londres et à Paris, 1763.

2. *La découverte australe par un homme volant ou le dédale français.* — Nouvelle très philosophique. 4 vol. in-18 avec nombreuses vignettes. Leipsick, 1781.

aussi dans ma bibliothèque aéronautique, donne la singulière description d'une machine volante qui s'élève au moyen du fluide électrique. Ce livre est intitulé *Le philosophe sans prétention*, il est signé M. D. L. F.[1]. On sait que l'auteur était M. de la Folie, de Rouen.

Une planche fort bien gravée, placée en tête de l'ouvrage, représente la machine volante au moment où elle s'élève.

Nous reproduisons à titre de curiosité cette charmante vignette (fig. 3), où l'on voit l'inventeur Scintilla conduisant son appareil.

Depuis longtemps, dit Scintilla, dans l'ouvrage de M. de la Folie, les hommes ont recherché par quelles loix méchaniques ils pourraient franchir les espaces. Je suis flatté de pouvoir vous offrir aujourd'hui la réussite de mes recherches. Le voici, dit-il, en présentant un écrit; mais cet écrit ne suffit pas. La théorie quoique fort simple, ne serait peut-être pas assez intelligible dans une matière aussi neuve. Aussi avant d'en venir à la démonstration théorique, faisons l'expérience. Deux esclaves ont porté mon appareil sur la plate-forme de notre tour. Rendons-nous-y....

Je marchais avec les autres. Je calculais, je réfléchissais en moi-même que l'écart des leviers pour former une résistance suffisante, c'est-à-dire pour embrasser un grand volume d'air, exigeait une force ou puissance considérable....

Quelle fut ma surprise lorsque arrivé sur la plate-forme, je vis deux globes de verre de trois pieds de

---

1. *Le philosophe sans prétention ou l'homme rare*, ouvrage physique, chymique, politique et moral, dédié aux savans, par M. D. L. F. A Paris, chez Clousier, 1775. 1 vol. in-8° avec vignettes.

Fig. 3. — Machine volante électrique figurée
dans le *Philosophe sans prétention* (1775).

diamètre montés au-dessus d'un petit siége assez commode; quatre montans de bois couverts de lames de verre
soutenaient ces deux globes. La pièce inférieure qui
servait de soutien et de base au siége, était un plateau
enduit de camphre et couvert de feuilles d'or. Le tout
était entouré de fils de métal. Aussitôt que j'eus aperçu
cette machine électrique de nouvelle forme je devins
moins incrédule....

Enfin, il n'y eut bientôt plus aucun doute à former.
Scintilla dont le corps était aussi alerte que l'imagination, monte lestement sur la méchanique, et poussant
promptement une détente, nous vimes les deux globes
tourner avec une rapidité prodigieuse. Messieurs, dit-il,
vous voyez que pour m'élever en l'air, mon principal
moyen est d'annuler au-dessus de ma tête la pression
de l'atmosphère. Observez que la percussion de la lumière agit actuellement au-dessous de ma méchanique.
C'est elle qui va m'enlever sans beaucoup d'efforts, et,
maître du mouvement de mes globes, je descendrai
ou monterai en telles proportions qu'il me plaira. Vous
voyez encore.... Mais nous ne l'entendions plus. Sa machine entourée tout à coup d'un cercle lumineux, s'était
enlevée avec la plus grande vitesse. Jamais spectacle si
nouveau et si beau ne s'offrit à nos yeux. Nous le vimes
pendant quelque temps rester immobile, puis redescendre, puis s'élever de nouveau. Enfin nous le perdimes
de vue.

On est vraiment surpris de trouver ce récit dans
un livre publié avant la découverte des aérostats.
Ne croirait-on pas lire la description d'une ascension en ballon? La machine imaginaire de l'auteur
du *Philosophe sans prétention* donne assurément
à penser, et le choix de l'électricité comme moteur,
est remarquablement choisi, à une époque où l'on

ne soupçonnait pas l'existence des moteurs dynamo-électriques.-

N'a-t-on pas eu raison de dire : Poète, prophète.

Bien d'autres auteurs se sont servis de la fiction du vol à travers les airs pour faire voyager leurs héros. On se souvient que Voltaire a entraîné Micro-mégas d'une planète à l'autre, en. le mettant à cheval sur une comète.

Après avoir mentionné ces rêves de l'imagination, dont quelques-uns peuvent être cités comme une sorte d'inspiration et de prévision singulières de l'avenir, revenons en arrière dans l'histoire, pour étudier la réalité des faits, et rentrer dans le domaine des études qui ont été entreprises pour la conquête de l'air.

II

L'AVIATION, DU XVe AU XVIIIe SIÈCLE

Léonard de Vinci. — Étude du vol artificiel. — L'hélicoptère et le
parachute. — Fauste Veranzio et le parachute de Venise. — Le
ptérophore de Paucton.

Léonard de Vinci, le grand artiste de la Renais-
sance, a sa place marquée dans l'histoire de l'aviation. M. Hureau de Villeneuve a résumé dans l'*Aéronaute*[1] l'histoire des travaux de cet homme de
génie, et nous reproduirons ici les faits les plus
curieux qui se rattachent à ces études, fort intéressantes, puisqu'elles remontent au quinzième siècle.

Léonard de Vinci avait abordé le problème en suivant cette même méthode rationnelle qu'on retrouve
dans tous ses écrits, et qui le distingue de ses contemporains. Avant d'arriver à la construction de ses appareils d'aviation, il commença par l'observation et l'étude
du vol des oiseaux.

Les quelques documents que l'on possède aujourd'hui
du mémoire de Léonard de Vinci, font regretter la perte
d'une grande partie de ses travaux. M. le prince Bon-
compagnoni a fait rééditer récemment les manuscrits

1. L'*Aéronaute*, 7e année, n° 9, septembre 1874.

qui restent du grand artiste italien; mais beaucoup de
cartons et divers manuscrits laissés à Milan ont été
éparpillés et n'ont pu être retrouvés. Ces manuscrits
étaient écrits à l'envers, d'une écriture fine et serrée,
ce qui en rendait la lecture des plus difficiles et a dû
contribuer à leur perte. On peut voir, dans les planches
que nous donnons ci-contre, des échantillons de cette
écriture bizarre que nous n'avons pu déchiffrer. Il est
probable que cette manière d'écrire, intelligible pour
l'auteur seul, était un moyen de conserver le secret de
ses découvertes; mais le penseur, en agissant ainsi, a
eu le tort de ne pas comprendre que si l'inventeur a
l'usufruit de ses découvertes, la nue propriété en appartient à l'humanité tout entière.

La partie capitale du manuscrit de Léonard de
Vinci, est celle qui a trait aux principes mêmes du
vol. Léonard établit que l'oiseau, étant plus lourd
que l'air, s'y soutient et avance en rendant « ce
fluide plus dense là où il passe que là où il ne
passe pas ». Il avait donc compris que l'animal
pour voler doit prendre son point d'appui sur l'air,
et l'ensemble de sa théorie se rapproche beaucoup des théories modernes s'appuyant sur l'influence de la vitesse sur la suspension.

L'examen des dessins originaux du grand artiste
italien est curieux à approfondir. Nous en reproduisons par l'héliogravure une planche complète
(fig. 4); elle permet de suivre la pensée qui a présidé
à son exécution. Nous laissons M. le docteur Hureau de Villeneuve l'interpréter.

Nous voyons sur le second rang à droite un petit
personnage assez analogue à un démon ou à un génie,

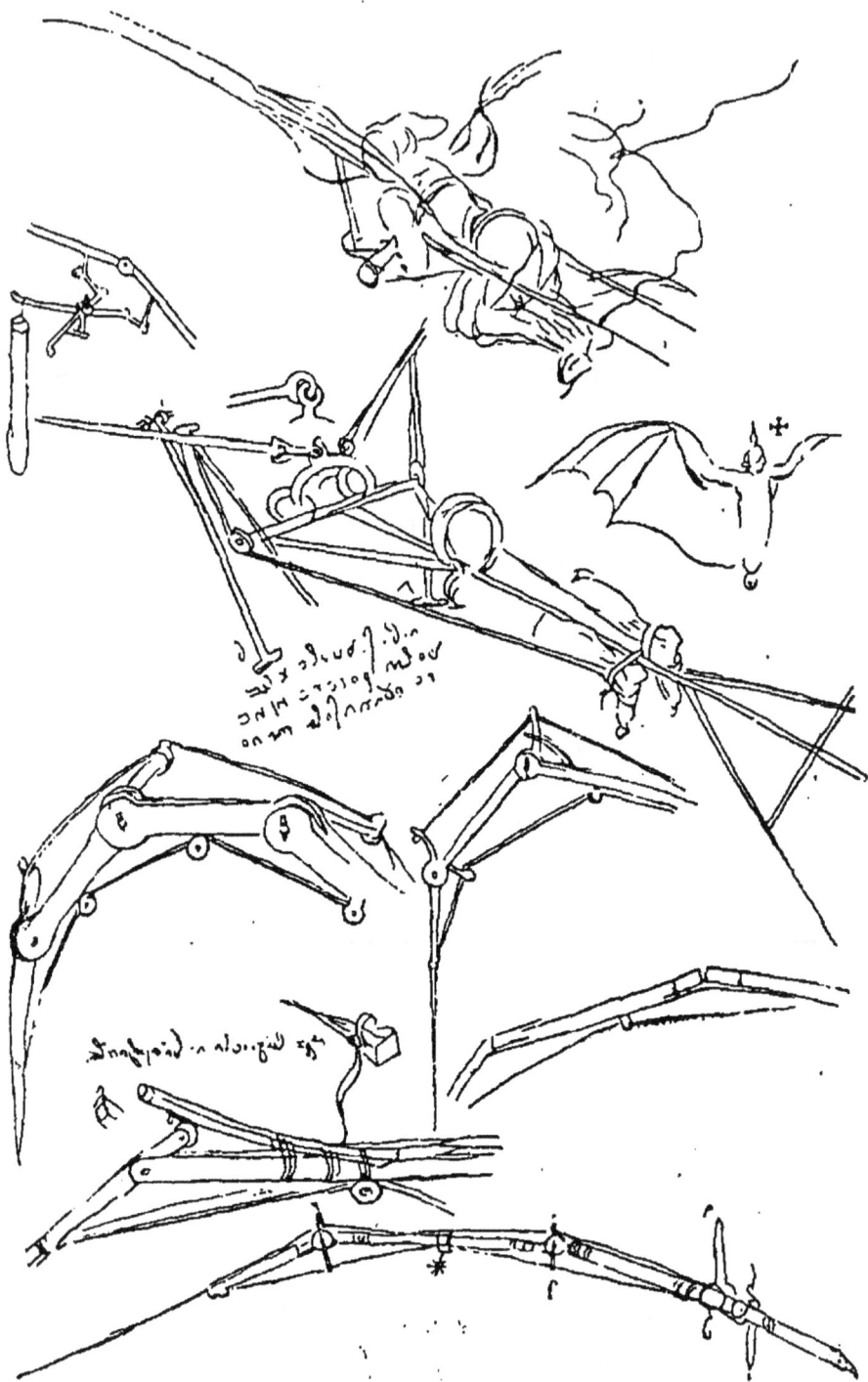

Fig. 4. — Fac-similé des dessins de Léonard de Vinci
sur les ailes artificielles.

car il porte sur la tête une flamme et, à côté de cette
flamme, une croix latine. Il a les bras terminés par
des doigts de chauve-souris. La figure n'est pas encore
terminée que déjà Léonard reconnaît son insuffisance
et, devinant le peu d'action musculaire des bras, pense
à employer la force des jambes. Nous voyons donc un
peu plus haut, dans la même planche, un homme vi-
goureux placé sur le ventre, les jambes repliées et s'ap-
prêtant à lancer un violent coup de pied. Les muscles
saillants, tracés par un crayon d'anatomiste, décèlent
le grand peintre dans un dessin jeté sans prétention.
Dans ce croquis, Léonard n'a pas encore pris de parti
quant au mode d'attache des ailes, mais dans le dessin
qui suit, supprimant l'homme dont il ne conserve plus
que les pieds, l'auteur commence l'étude des détails de
la construction. Une tige arrondie en forme de bât doit
être appuyée sur le dos, les bras prenant un point d'appui sur les deux côtés. Au sommet du bât, sont deux anneaux fermés, recevant par deux autres anneaux la racine des ailes. Ce mode d'articulation fort simple, mais
qui manque de précision, présente l'avantage de permettre à l'aile des mouvements limités de rotation autour de son axe. Le bât se continue en deux tiges repliées
à une demi-ceinture placée derrière la taille. Sur les
côtés du bât, se trouvent deux poulies portant des cordes
à étriers qui, tirées par les pieds, servent à abaisser les
ailes. Celles-ci sont relevées par deux tiges de bois ac-
tionnées par les mains. Une queue est fixée à une tige
placée entre les deux jambes. Mais ici une préoccupation semble s'emparer de l'esprit de l'inventeur. Les ailes
s'appuieront sur l'air pendant l'abaissement sans doute;
mais pendant le relèvement elles détruiront leur action.
Aussi Léonard cherche un moyen de supprimer cet inconvénient. Il donne aux doigts de sa chauve-souris la
faculté de se plier en dessous sans pouvoir se relever
au-dessus de l'horizontale. Voyez dans le reste de la
page les différents systèmes de doigts articulés qu'il

désire employer. Le premier à gauche se manœuvre au
moyen de poulies de renvoi; dans le second, les leviers
relevés donnent une action plus énergique. Mais, ce n'est
pas encore bien, le troisième nous montre un ressort
fait de deux rotins agissant sur une roulette placée à la
queue de la phalange. Enfin, dans le bas, il essaie des
charnières métalliques.

Après ses études sur le vol, Léonard de Vinci
a donné une idée de l'hélicoptère, et il a eu le
mérite d'imaginer le parachute, avec une rare intelligence. Un savant italien, M. Govi, a résumé ces
travaux à l'Académie des Sciences dans sa séance
du 29 août 1881[1], à propos du petit propulseur à
hélice que j'avais installé dans la nacelle du minuscule aérostat électrique de l'Exposition d'électricité.

Parmi les projets très nombreux et fort variés
que l'on peut voir dans le *Codice Atlantico*, rendu
en 1815 à la Bibliothèque ambroisienne de Milan,
et dans les volumes restés à Paris et conservés à la
Bibliothèque de l'Institut, il y a (au volume B de
la Bibliothèque de l'Institut, feuillet 83, *verso*) le
dessin d'une large hélice destinée à tourner autour
d'un axe vertical (fig. 5), à côté et au-dessous de
laquelle on peut lire (écrites en italien et à rebours)
les deux notes suivantes[2] :

A côté de la figure. — Que le contour extérieur de

1. Voy. *Comptes rendus de l'Académie des Sciences*, tome XCIII,
1881, p. 401 et suiv.
2. Voici le texte italien des deux notes :
« Ire. L'estremità di fuori della vite sia di filo di ferro grosso una
corda, e dal cerchio al centro sia braccia 8.
» II[o]. Trovo se questo strumento fatto a vite sarà ben fatto, cioè

la vis (*hélice*) soit en fil de fer de l'épaisseur d'une corde, et qu'il y ait du bord au centre huit brasses de distance.

Au-dessous de la figure. — Si cet instrument, en forme de vis, est bien fait, c'est-à-dire fait en toile de

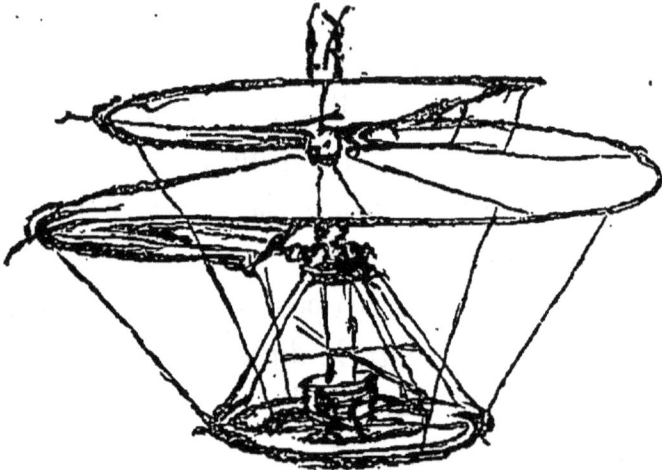

Fig. 5. — Principe de l'hélicoptère, dessin de Léonard de Vinci.

lin dont on a bouché les pores avec de l'amidon, et si on le tourne avec vitesse, je trouve qu'une telle vis se fera son écrou dans l'air et qu'elle montera en haut.

Tu en auras une preuve en faisant mouvoir rapidement à travers l'air une règle large et mince, car ton bras sera forcé de suivre la direction du tranchant de cette planchette.

fatto di tela lina stoppata i suoi pori con amido, e voltato con prestezza ; che detta vite si fà la femmina nell' aria, e monterà in alto. Piglia lo esemplo da una riga larga e sottile e menata con furia in fra l' aria ; vedrai essere guidato il tuo braccio per la linea del taglio della detta asse.

« Sia l' armatura della sopradetta tela, di canne lunghe e grosse.

« Puossene fare uno picciolo modello di carta, che lo stile suo sia di sottile piastra di ferro e torta per forza, e nel tornare in libertà fara volgere la vite. »

La charpente de ladite toile doit être faite avec de longs et gros roseaux.

On en peut faire un petit modèle en papier, dont l'axe soit une lame de fer mince que l'on tord avec force. Quand on laissera cette lame libre, elle fera tourner la vis (*l'hélice*).

On voit donc par là que, non seulement Léonard avait inventé le propulseur à hélice, mais qu'il avait songé à l'utiliser pour la locomotion aérienne, et qu'il en avait construit de petits modèles en papier, mis en mouvement par des lames minces d'acier tordues, puis abandonnées à elles-mêmes.

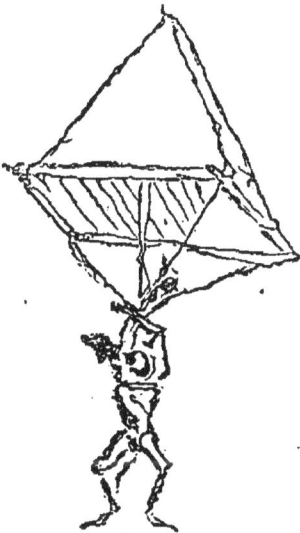

Fig. 6. — Principe du parachute, dessin de Léonard de Vinci.

En consultant d'ailleurs le *Saggio delle Opere di Leonardi da Vinci*, publié à Milan en 1872 (1 vol. infol.), au chapitre intitulé : *Leonardo letterato e scienziato* (p. 20-21) et les planches photolithographiques qui l'accompagnent (pl. XVI, n° 1), on peut constater que cet homme de génie avait étudié le moyen de mesurer l'effort que l'on peut exercer en frappant l'air avec des palettes de dimensions déterminées, et qu'il avait inventé le *parachute*, dont il donne le dessin reproduit ci-dessus (fig. 6); il décrit l'appareil dans les termes suivants[1] :

1. « Se un uomo ha un padiglione di pannolino intasato, che sia

Si un homme a un pavillon (*tente*) de toile empesée
dont chaque face ait 12 brasses de large et qui soit
haut de 12 brasses, il pourra se jeter de quelque
grande hauteur que ce soit, sans crainte de danger.

Les études faites par Léonard de Vinci sur les
appareils d'aviation sont, on le voit, nombreuses
et remarquables.

Si les expériences de vol aérien de Léonard de
Vinci ne semblent pas avoir été exécutées en grand,
il n'en est peut-être pas de même du parachute,
dont l'emploi est beaucoup plus sûr. La description de Léonard de Vinci a été reproduite postérieurement, non sans une amélioration notable
dans le mode de représentation de l'appareil, dans
un recueil de machines, dû à Fauste Veranzio et
publié à Venise en 1617.

La gravure ci-jointe (fig. 7) est la reproduction
exacte du parachute que l'auteur définit d'autre part
dans les termes suivants, assurément inspirés de
ceux de Léonard de Vinci :

Avecq un voile quarré estendu avec quattre perches
égalles et ayant attaché quattre cordes aux quattre
coings, un homme sans danger se pourra jeter du haut
d'une tour ou de quelque autre lieu éminent; car
encore que, à l'heure, il n'aye pas de vent, l'effort de

---

12 braccia per faccia, e alto 12, potrà gittarsi da ogni grande al-
tezza senza danno di sé » (*Codice Atlantico*, f° 372, *verso*).

1. In-8° de 356 pages. Pérouse, 1678.

2. La reproduction de ces dessins avec un bon article à ce sujet
a été donnée dans *l'Aréonaute* de septembre 1874, et plus récemment dans un journal militaire italien, *Rivista de artigliera*, 1885.

celui qui tombera apportera du vent qui retiendra la
voile, de peur qu'il ne tombe violement, mais petit à

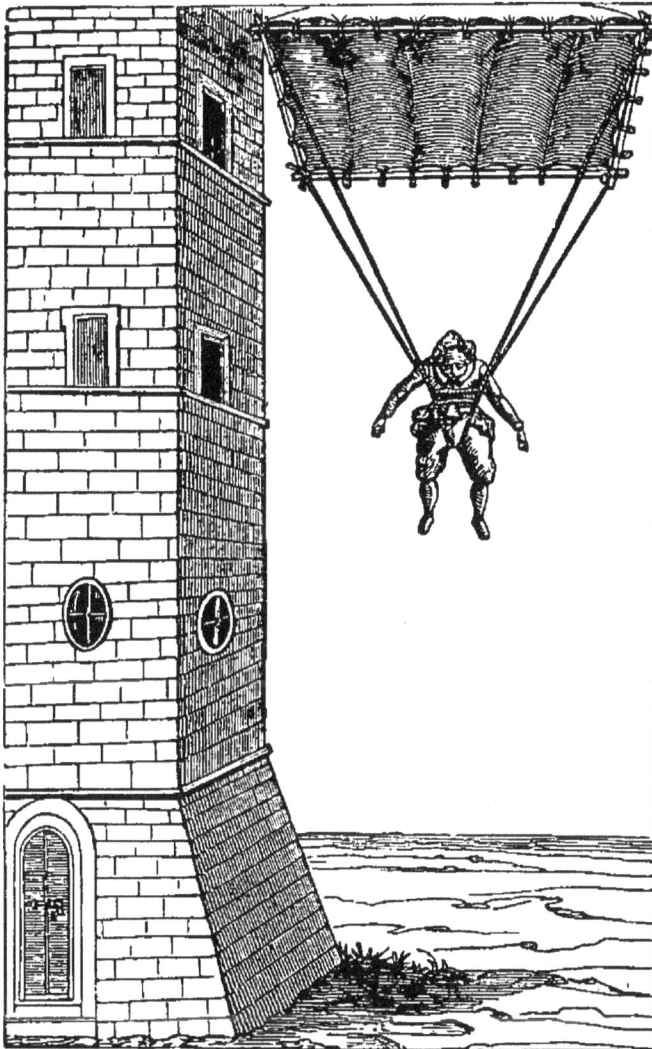

Fig. 7. — Le parachute de Venise (1617), d'après une gravure
du temps.

petit descende. L'homme doncq se doit mesurer avec la
grandeur de la voile.

Il est impossible de donner plus nettement le

principe du parachute, et l'appareil se trouve si clairement expliqué qu'il nous semble difficile que l'expérience indiquée succèssivement par Léonard de Vinci et par Fauste Veranzio n'ait pas été essáyée. On voit qu'elle a pu être faite deux cents ans avant celle de Garnerin.

En 1768, plus d'un siècle après la publication de l'ouvrage de Fauste Veranzio, un savant mathématicien, Paucton, a esquissé le projet d'un véritable hélicoptère, qu'il a désigné sous le nom de *ptérophore*[1].

Un homme, dit Paucton, est capable d'une force suffisante pour vaincre le poids de son corps. Si donc je mets entre les mains de cet homme une machine telle que, par son moyen, il agisse sur l'air avec toute la force dont il est capable et toute l'adresse possible, il s'élèvera à l'aide de ce fluide, comme à l'aide de l'eau, ou même d'un corps solide. Or, il ne paraît pas que dans un ptérophore, adapté verticalement à une chaise, le tout fait de matière légère et soigneusement exécuté, il ne se trouve rien qui l'empêche d'avoir cette propriété dans toute sa perfection. Dans la construction, on aurait soin que la machine produisit le moins de frottement qu'il serait possible; et elle doit naturellement en produire peu, n'étant pas du tout composée. Le nouveau Dédale, assis commodément sur sa chaise, donnerait au ptérophore, par le moyen d'une manivelle, telle vitesse circulaire qu'il jugerait à propos. Ce seul ptérophore l'enlèverait verticalement; mais pour se mouvoir horizontalement, il lui faudrait un gouvernail; ce serait un second ptérophore. Lorsqu'il

---

1. *Théorie de la vis d'Archimède*, de laquelle on déduit celle des moulins, conçue d'une nouvelle manière. Paris, 1768.

voudrait se reposer un peu, des clapets ou soupapes, ajustés solidement aux extrémités de secteurs de scia-dique, fermeraient d'eux-mêmes les canaux hélices par où l'air coule, et feraient de la base du ptérophore une surface parfaitement pleine qui résisterait au fluide et ralentirait considérablement la chute de la machine.

On voit que Paucton expose nèttement un projet d'un appareil d'aviation mû par deux hélices, l'une destinée à l'ascension, l'autre à la propulsion du système. Et cela en 1768!

Il n'y a rien de nouveau sous le soleil!

III

LE PRINCIPE DES BALLONS

Le Père Francesco Lana et son projet de navire aérien en 1670. —
Le Brésilien Gusmaò. — Expérience de Lisbonne en 1709. —
Le Père Galien et l'art de voyager dans les airs, en 1756.

Si le parachute a été indiqué à la fin du quinzième siècle et nettement décrit au commencement
du dix-septième siècle, nous allons voir que l'idée
des ballons a été émise vers la fin du dix-septième
siècle, en 1670, par Lana. On a beaucoup écrit sur
le célèbre jésuite; mais, ici encore, j'ai voulu me
reporter au texte original. Après plus de quinze
années de recherches, je suis arrivé à me procurer
ce livre rare[1], où Francesco Lana a écrit le curieux
chapitre intitulé : *Fabricare una nave che camini
sostentata sopra l'aria a remi et a vele; quale si
dimostra poter riuscire nella pratica* (Construire
un navire qui se soutienne dans l'air et se déplace à
l'aide de rames et de voiles; l'on démontre que ce
projet est pratiquement réalisable).

1. Voici le titre exact du livre original : *Prodromo ouero saggio
di alcune inuentioni nuove premesso all arte maestra opera che pre-
para il P.* FRANCESCO LANA BRESCIANO *della compagnia di Giesu, etc.*

Je vais donner ici la traduction de quelques-
uns des passages les plus curieux de ce chapitre :
ils montreront que les idées de Lana étaient excellentes au point de vue théorique.

Après avoir rappelé la fable de Dédale et le fait
de l'expérience de vol de Dante de Pérouse, le savant
jésuite s'exprime ainsi qu'il suit :

On n'a jamais cru possible jusqu'ici de construire un
navire parcourant les airs, comme s'il était soutenu par
de l'eau, parce qu'on n'a jamais jugé que l'on pourrait
réaliser une machine plus légère que l'air lui-même :
condition nécessaire pour obtenir l'effet voulu. M'étant
toujours ingénié à rechercher les inventions des choses
les plus difficiles, après de longues études sur ce sujet,
je pense avoir trouvé le moyen de construire une machine plus légère en espèce que l'air, qui, non seulement grâce à sa légèreté, se soutienne dans l'air ; mais
qui encore puisse emporter avec elle des hommes, ou
tout autre poids, et je ne crois pas me tromper, car je
n'avance rien que je ne démontre par des expériences
certaines, et je me base sur une proposition du onzième
livre d'*Euclide*, que tous les mathématiciens admettent
comme rigoureusement vraie.

Lana, après ce préambule, entre dans de longues
dissertations sur des expériences préliminaires
dont la gravure ci-jointe (fig. 8), reproduite pour la
première fois de l'original, avec l'exactitude que
comporte la photographie, montre le dispositif.

Dedicato alla sacra maesta cesarea del imperatore Leopoldo I. In
Brescia. ᴍᴅᴄʟxx. — In-4° de 252 pages, avec 70 figures gravées sur
des planches hors texte.

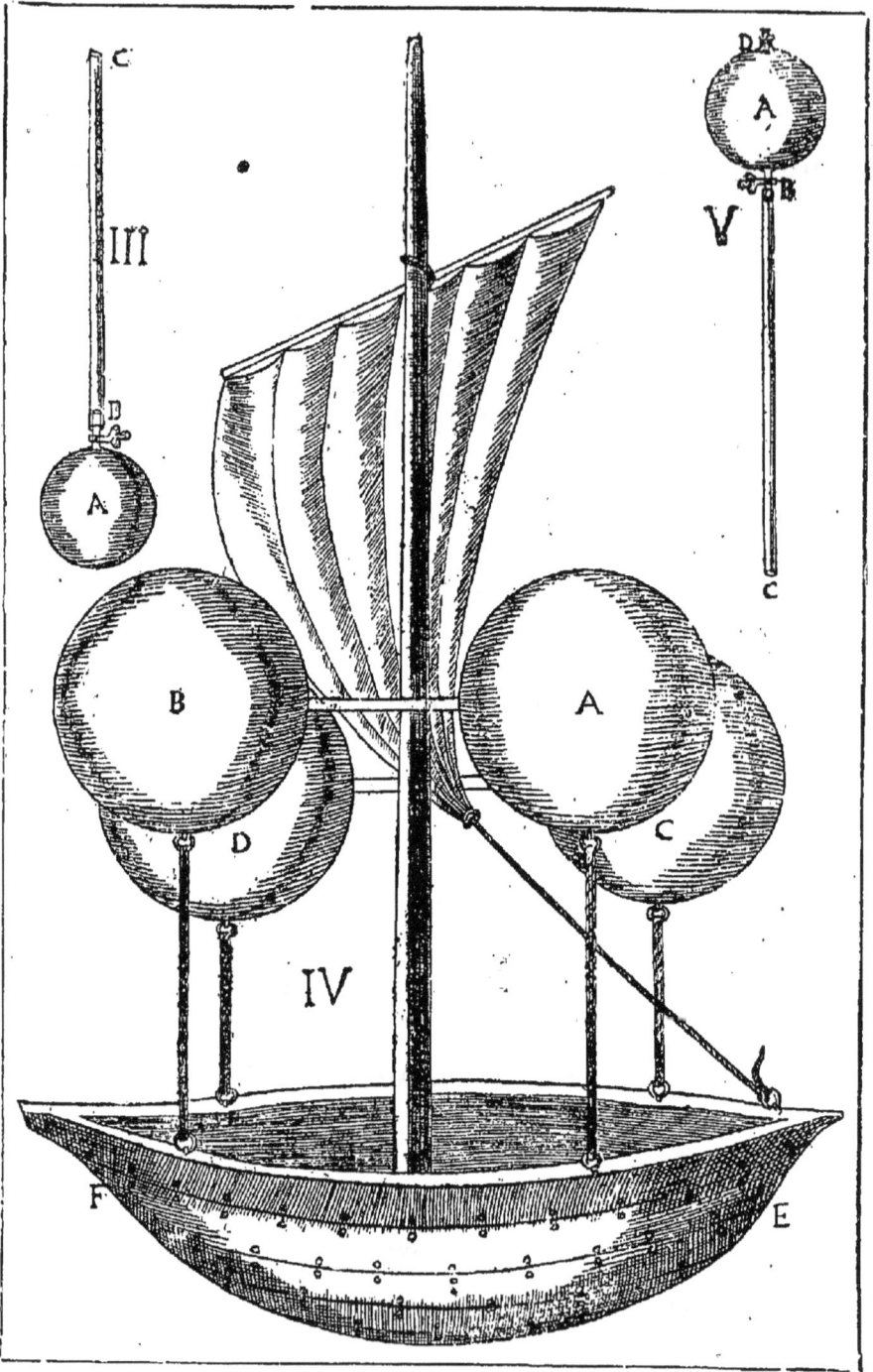

Fig. 8. — Le navire aérien du Père Lana (1670).
Reproduction par l'héliogravure de la figure authentique.

L'auteur considère d'abord un vase sphérique de cuivre ou de fer-blanc A (n° III de la figure), muni d'une longue tubulure à robinet BC d'au moins 47 palmes romaines de longueur. Il remplit le système d'eau, il bouche l'orifice C et retourne le tout au-dessus de l'eau. Ouvrant alors le robinet B (n° V de la figure), il indique que le vase A se vide d'eau, et que le tube restera rempli jusqu'à la hauteur de 46 palmes 26 minutes.

Il s'agit là de l'expérience très bien indiquée du baromètre à eau; Lana montre que le vase A se trouve vide d'air et que, dans ces conditions, il a perdu de son poids. Sans entrer dans toutes les démonstrations qu'il fournit à ce sujet, sans parler de la méthode qu'il propose d'employer pour faire le vide, nous dirons seulement qu'il se trouve conduit à imaginer, pour la confection du navire aérien qu'il propose, quatre grandes sphères en cuivre mince A B C D (n° IV de la figure), dans lesquelles on aurait fait le vide. Ces sphères ou ces ballons, comme Lana les appelle, seraient plus légers que le volume d'air déplacé; ils s'élèveraient, par conséquent, dans l'atmosphère. Lana imagine de suspendre à ces ballons une barque où se tiendraient les voyageurs, et, tombant dans l'erreur que devaient commettre plus tard les premiers aéronautes qui voulaient diriger les ballons avec des voiles, sans se rendre compte que le vent n'existe pas pour l'aérostat immergé dans l'air, il munit son navire d'une voile de propulsion.

Assurément le projet de Lana est impraticable;

le savant jésuite n'a pas prévu que ses ballons de cuivre vides d'air seraient écrasés par la pression atmosphérique extérieure; mais il n'en a pas moins eu une idée très nette et très remarquable pour son époque du principe de la navigation aérienne par les ballons plus légers que le volume d'air qu'ils déplacent. Il termine son long chapitre par quelques considérations très curieuses :

Je ne vois pas d'autres difficultés que l'on puisse opposer à cette idée, si ce n'est une qui me semble plus importante que toutes les autres, et que Dieu veuille ne pas permettre que cette invention soit jamais appliquée avec succès dans la pratique, afin d'empêcher les conséquences qui en résulteraient pour le gouvernement civil et politique des hommes. En effet, qui ne voit qu'il n'y a pas d'État qui serait assuré contre un coup de surprise, car ce navire se dirigerait en droite ligne sur une de ses places fortes, et, y atterrissant, pourrait y descendre des soldats.

Le livre du P. Lana eut un grand succès à l'époque où il fut publié, et le chapitre du navire aérien attira vivement l'attention de ses contemporains, comme l'attestent des publications spéciales qui ont été faites de ce chapitre en brochures isolées[1].

Nous arrivons à présent au dix-huitième siècle et à l'époque la plus curieuse incontestablement dans l'histoire des antériorités de la découverte des aérostats. Nous allons étudier attentivement ce qui

---

1. Nous citerons notamment *la Nave volante*, dissertazione del P. Franceso Lana da Brescia. In-8° de 28 pages avec une planche.

a été écrit au sujet d'un célèbre Brésilien, Gusmão, qui a été surnommé à son époque *l'homme volant*, et qui paraît avoir exécuté à Lisbonne une expérience de locomotion aérienne.

Gusmão (Bartholomeu-Lourenço de) naquit à Santos, au Brésil, alors colonie portugaise, vers 1665, et mourut après 1724. Il était le frère d'Alexandre Gusmão, célèbre homme d'État brésilien, et après avoir renoncé à l'état eclésiastique auquel il s'était d'abord destiné, il se voua à l'étude des sciences physiques.

C'est dans les premières années du dix-huitième siècle que Gusmão conçut le projet de construire une machine au moyen de laquelle on pourrait voyager au sein de l'air. L'un des membres les plus distingués de l'Académie de Lisbonne, Freire de Carvalho[1], qui paraît avoir étudié tous les documents relatifs à ce fait important, dit que « de l'examen de divers mémoires, soit imprimés, soit manuscrits, il ressort bien que Gusmão avait inventé une machine à l'aide de laquelle on pouvait *se transporter dans les airs d'un lieu à un autre* ». Mais il ajoute aussitôt qu'il est impossible, par ces mêmes descriptions, « de se faire une idée exacte de la machine elle-même ».

D'après certains récits du temps, l'auteur aurait mis en usage comme moteurs, l'électricité et le magnétisme combinés; quelques écrivains ont dit

---

1. Francisco Freire de Carvalho, *Memorias da Academia das sciencias de Lisboa*, broch. in-4°. Lisbonne.

que la machine avait la forme d'un oiseau, criblé
de tubes à travers lesquels passait l'air.

Ces descriptions sont inadmissibles. Un artiste
du dix-huitième siècle a donné de l'appareil de
Gusmâo un dessin que l'on peut voir au département des estampes de la Bibliothèque nationale et
que je possède aussi dans ma collection de documents aéronautiques. Ce dessin est, suivant l'ex-
pression de M. Ferdinand Denis, auquel on doit une
savante étude sur Gusmâo[1], « une curiosité inutile ».

Cependant, parmi les documents contradictoires
de l'époque, il en est qui semblent offrir un intérêt
historique de premier ordre.

M. Carvalho a pu recueillir un exemplaire imprimé de la pétition adressée par Gusmâo au roi de
Portugal en 1709. On y lit ce qui suit :

J'ai inventé une machine au moyen de laquelle on
peut voyager dans l'air bien plus rapidement que sur
terre ou sur mer ; on pourra aussi faire plus de deux
cents lieues par jour, transporter des dépêches pour les
armées et les contrées les plus éloignées. On fera sortir
des places assiégées les personnes que l'on voudra, sans
que l'ennemi puisse s'y opposer. Grâce à cette machine,
on découvrira les régions les plus voisines des pôles:

Le roi fit répondre à l'inventeur, sous la date du
17 avril 1709, que si les effets annoncés pouvaient
se réaliser, il le nommerait en récompense pro-

1. *Nouvelle biographie générale.* Paris, Firmin Didot, MDCCCLIX,
t. XXII.

fesseur de mathématiques à l'Université de Coïmbre, avec un traitement annuel de 600 000 reis (4245 francs).

Il résulte d'une note imprimée en 1774, et dont M. Carvalho cite le texte, que les globes employés par Gusmão devaient être mûs par la force du gaz qu'ils contenaient. Dans un manuscrit du savant Ferreira, né à Lisbonne en 1667 et mort en 1735, on lit :

Gusmão fit son expérience le 8 août 1709, dans la cour du palais des Indes, devant Sa Majesté et une nombreuse et illustre assistance, avec un globe qui s'éleva doucement jusqu'à la hauteur de la salle des Ambassades, puis descendit de même. Il avait été emporté par de certains matériaux qui brûlaient et auxquels l'inventeur lui-même avait mis le feu.

Ce texte semblerait indiquer un aérostat à air chaud ; mais nous allons malheureusement rencontrer, dans le document que nous mentionnons, des contradictions qui empêchent de bien établir la vérité.

Ferreira, après avoir dit que l'expérience se fit *no pateo da casa da India* (dans la cour du palais des Indes), termine son récit par ces mots : *Esta experiencia se fez dentia da salla das Audiencias* (cette expérience se fit dans la salle des Audiences). M. Carvalho se tire d'embarras en supposant qu'il y eut deux expériences faites, l'une dans la cour, l'autre dans la salle.

Une preuve secondaire de l'expérience de Gusmão

résulte de pièces de vers plus ou moins satiriques publiées en 1752 par Thomas Pinto Brandào. L'une d'elles est intitulée : « Au père Bartholomeu Lourenço, l'homme volant qui s'est enfui, et cela se comprend, puisqu'on a su qu'il était lié avec le diable. »

Dans ces vers, on lit des passages analogues à celui-ci : « Gusmão s'est élevé dans les airs, il a volé avec ses ailes, au regret de bien des familles. Pour se faire de bonnes ailes, il a déplumé bien du monde[1]. »

En résumé, le manuscrit de Ferreira, parlant de l'invention de Gusmão, semble dénoter un ballon à air chaud; les vers de Brandào citent nettement, au contraire, un appareil volant au moyen d'ailes. Enfin d'autres récits paraissent faire comprendre que Gusmão se serait élancé de la tourelle *da casa da India;* dans ce cas, il serait admissible que l'inventeur ait employé un parachute, au moyen duquel il aurait plané au-dessus de la foule.

Il paraît certain qu'une mémorable expérience aérienne a été faite en 1706 par Gusmão; une tradition constante en a conservé le souvenir; mais il n'est malheureusement pas possible de rien préciser de net à l'égard du système employé. Nous nous bornerons à ajouter que Gusmão ne renouvela jamais son essai. On l'accusa de magie, et il craignit sans doute les rigueurs du Saint-Office. Il s'occupa de navigation océanique et de construction

1. Nous devons à l'obligeance du savant directeur de la bibliothèque Sainte-Geneviève, M. Ferdinand Denis, la communication des vers fort peu connus de Brandào.

navale, jusqu'en 1724, époque où on le voit quitter clandestinement le Portugal. Il vécut quelque temps en Espagne et mourut à l'hôpital de Séville.

Après Gusmão, nous parlerons du livre remarquable du père Galien qui fut publié en 1755 sous le titre : *l'Art de naviguer dans l'air*. Ce petit livre très rare, que je suis arrivé à me procurer, comme celui de Lana, a été imprimé à Avignon. Il a été beaucoup lu et a été réédité deux ans après, en 1757[1]. Le Père Galien formule très clairement le principe des aérostats à air raréfié. Il admet que des globes remplis d'un air puisé à des régions très élevées de l'atmosphère, pourront flotter dans l'atmosphère des couches inférieures, mais il ne mentionne pas le mode de gonflement.

Nous voici donc arrivés, dit Galien, au moment de la construction de notre vaisseau pour naviguer dans les airs et transporter, si nous le voulons, une nombreuse armée avec tous les attirails de la guerre et ses provisions de bouche, jusqu'au milieu de l'Afrique, ou dans d'autres pays non moins inconnus. Pour cela, il faut lui donner une vaste capacité.... Plus il sera grand, plus sa pesanteur en sera absolument plus grande, mais aussi elle sera moindre respectivement à son énorme grandeur, comme peuvent le comprendre ceux qui ont quelque teinture de géométrie et qui savent que, plus un corps est grand, moins il a à proportion de superficie, quoiqu'il en ait absolument davantage.... Nous construirons ce vaisseau de bonne et forte toile doublée,

---

1. *L'Art de naviguer dans les airs. Amusement physique et géométrique*, par le R. P. Jos. Galien. Seconde édition, revue et augmentée. Avignon, 1757. Petit in-18 de 88 pages.

bien cirée et goudronnée, couverte de peau et fortifiée de distance en distance de bonnes cordes, ou même de câbles dans les endroits qui en auront besoin, soit en dedans, soit en dehors, en telle sorte qu'à évaluer la pesanteur de tout le corps de ce vaisseau, indépendamment de sa charge, ce soit environ deux quintaux par toise carrée.... La pesanteur de l'air de la région sur laquelle nous établissons notre navigation étant supposée à celle de l'eau comme 1 à 1000, et la toise d'eau pesant 15 120 livres, il s'ensuit qu'une toise cube de cet air pèsera environ 15 livres et 2 onces; et celui de la région supérieure étant la moitié plus léger, la toise cube ne pèsera qu'environ 7 livres 9 onces. Ce sera cet air qui remplira la capacité du vaisseau; c'est pourquoi nous l'appellerons l'air intérieur, qui réellement pèsera sur le fond du vaisseau, à raison de 7 livres 9 onces par toise cube; mais l'air de la région inférieure lui résistera avec une force double, de sorte que celui-ci ne consumera que la moitié de sa force pour le contre-balancer, et il lui en restera encore la moitié pour contre-balancer et soutenir le vaisseau avec toute sa cargaison.

Nous n'insisterons pas davantage sur les idées du P. Galien, qu'il s'est contenté de présenter à titre de simples *amusements*, mais qui n'en sont pas moins très curieuses. Il se trompait d'ailleurs en admettant que l'air léger des hautes régions pourrait être employé à gonfler des aérostats pour de basses régions. Cet air, ramené à des niveaux inférieurs, se réduirait de volume et prendrait la densité du milieu ambiant.

IV

LES VOITURES VOLANTES

Les ailes du marquis de Bacqueville, en 1742. — La voiture volante du chanoine Desforges, en 1772. — La voiture volante ou *vaisseau volant* de Blanchard, en 1782.

Pendant que le P. Galien publiait son ouvrage de l'*Art de voyager dans les airs*, un expérimentateur audacieux, le marquis de Bacqueville, revenait à l'étude du vol artificiel : il convient de résumer ici l'histoire de ses tentatives, parce qu'elles ont inspiré l'invention des voitures volantes, dont je vais, un peu plus loin, entretenir le lecteur.

Le marquis de Bacqueville exécuta sa tentative de vol aérien en 1742. Il mourut en 1760, à l'âge de 80 ans, en voulant rentrer à toute force dans son hôtel que dévorait un incendie. D'après ces deux dates, cet aviateur convaincu avait dépassé la soixantaine quand il annonça qu'en partant de son domicile situé sur le quai, à Paris, au coin de la rue des Saints-Pères, il traverserait la Seine et irait descendre dans le jardin des Tuileries. Le jour convenu, il y eut une foule considérable, tant sur les quais que sur le Pont-Royal. A l'instant qu'il

avait indiqué, le marquis de Bacqueville se montra
avec ses ailes. L'un des côtés de son hôtel se ter-
minait en terrasse; ce fut de là, d'après les récits
de l'époque, qu'il s'abandonna à l'air. On prétend
que son vol débuta bien, et qu'il put s'élancer jusqu'au bord de la Seine; mais, il tomba bientôt
sur un bateau de blanchisseuses. Il dut à la grandeur de ses ailes de ne s'y pas tuer; il eut la cuisse
cassée.

En 1772, l'abbé Desforges, chanoine de Sainte-
Croix à Étampes, annonça par la voie des journaux l'expérience d'une voiture volante.

Voici la reproduction textuelle de ce qui a été
publié sur l'appareil de l'abbé Desforges, dans les
affiches, annonces et avis divers de 1772[1].

Du mercredi 21 octobre 1772.

On connoît les *hommes volans, ou les aventures de
Pierre Wilkins*, traduites de l'anglois, qui parurent il
y a neuf à dix ans en (1765). La lecture de ce roman, dont
bien des idées sont empruntées de Robinson, a sûrement réchauffé le goût de quelques Glumms françois
pour l'art de voler. Toutes les leçons qu'en a données
Tuccaro dans son livre, ne valent pas en effet la
description du Groundy faite par Wilkins, ni celle du
vol d'Youwarky sa femme, et des autres Glumms volans. Or comme ce livre nous paroît tout aussi propre à
exciter l'industrie que l'histoire de Robinson en qui le
précepteur d'Émile reconnoît cette propriété, nous ne
doutons pas que l'armement naturel des Glumms de

---

1. Quarante-quatrième feuille hebdomadaire du 21 octobre 1772,
1 vol. in-4º de la *Bibliothèque Mazarine*, portant le nº 18 496.

Groundvolet ou de Battingdrigg n'ait suggéré l'idée de la voiture volante dont nous allons rendre compte.

On a lu dans les affiches d'Orléans une lettre de M. Desforges, chanoine de l'église royale de Sainte-Croix d'Étampes, qui dit : « avoir inventé une voiture volante, avec laquelle on pourra s'élever en l'air, voler à son gré à droite ou à gauche ou directement sans le moindre danger (fors de tomber seulement comme il en a fait l'expérience) et faire plus de cent lieues de suite sans être fatigué ».

Il ajoute que : « Quand on aura le vent bon, on pourra faire au moins 30 lieues par heure, 24 par un temps calme et 10 par un vent contraire. » Il propose de s'engager par acte devant notaire de livrer une de ces voitures à ceux qui désireront en avoir pour la somme de cent mille livres qui seront déposées chez le même notaire, il s'oblige d'en faire l'essai lui-même en présence de l'acquéreur. Cette curieuse découverte n'a pas été plus tôt répandue par les papiers publics, qu'un particulier de Lyon, s'adressant directement à l'auteur, lui a marqué que les cent mille francs étoient prêts et qu'il l'attendoit avec sa voiture. Sur un avis si positif, M. Desforges, après avoir mis la dernière main à sa machine, se dispose à partir. Il s'y embarque et la fait élever de terre, par quatre hommes, à une certaine hauteur, pour prendre son vol ; mais soit maladresse de ses aides, soit dérangement de quelque ressort, soit défaut de vent, le char volant, au lieu de s'élancer en haut, vole à rebours, comme le coursier de la Dunciade, et précipite son Phaéton. Comme ce char n'avait pu prendre l'essor, la chute n'a pas été périlleuse. M. Desforges en a été quitte, à ce qu'on nous a dit, pour quelques contusions, plus heureux que le marquis de Bacq, qui voulant voler comme Icare, avec des ailes artificielles, mais plus solidement attachées, se cassa la cuisse. Le vol est une vraie natation ; mais le fluide imperceptible, dans lequel l'oiseau rame avec

ses ailes (ou ses nageoires à tuyaux) n'a pas à beaucoup
près la consistance de l'eau, dont toute la surface
a des points d'appui.

L'air n'est donc navigable aux volatiles que par la
vitesse et la légèreté de leurs mouvements; or quels
ressorts faits de main d'homme pourront jamais les
égaler? La colombe d'Archytas, colombe mécanique,
s'élevoit peut-être assez haut, et voloit sans doute, dans
une durée de temps déterminée, par celle de l'action
du rouage, ou des autres ressorts, mais comment se
remontoit-elle, ou, quel que fût le principe de son mouvement, jusqu'où se soutenoit son vol? C'est ce qu'on
nous laisse à deviner. Si dans le vaste océan de l'air,
comme sur celui qui nous est familier, c'est le vent qui
doit suppléer aux rames, qu'est-ce qui pourra suppléer
au vent, dans ces calmes soudains où l'air, sans la
moindre agitation, fait à peine frémir une feuille. Il
ne paroît que deux moyens à mettre en œuvre, pour
une machine volante, l'air et le feu, il faut nécessairement employer l'un ou l'autre de ces deux ressorts.

Tout l'art de l'horlogerie, qui pour calculer le mouvement le plus insensible et pourtant le plus rapide de
tous (celui du temps comme nous l'appelons) est aujourd'hui porté si loin, ne trouvera jamais de ressorts
qui puissent représenter ceux-là. Mais si l'on parvenoit
enfin à faire voler, hommes ou machines, il y auroit
peut-être autant d'art à les faire abattre à leur gré, et
le vol nous surprendroit encore moins que la descente.

Du mercredi 28 octobre 1772.

Suite de la voiture volante. — L'inventeur de cette
curieuse machine est, dit-on, un homme de quarante-
neuf ans dont la santé est ruinée par des travaux et
des fatigues extraordinaires. C'est pour cela qu'il invi-
toit les curieux à se presser, et qu'il indiquoit sa
demeure à Étampes, rue de la Cordonnerie. Voici l'idée

qu'il donne lui-même de cette voiture dans une
réponse qu'il a faite à une dame de province, et qui
se trouve insérée dans plusieurs papiers publics :

« Elle est, dit-il, longue de 6 pieds, large de 5 pieds
8 pouces, profonde de 6 pieds et demi, depuis les pieds
jusqu'au faîte de l'impériale, qui met à couvert de la
pluie. »

Elle est apparemment d'osier, puisqu'il y travailloit
avec un vannier. Il devoit s'envoler avec elle d'Étampes
à Paris, sans y aborder, de peur d'y être retenu par la
foule ; mais après avoir fait cinq ou six fois le tour des
Tuileries, du même vol non interrompu, il avoit résolu
de revenir à Étampes, où dès qu'il seroit arrivé, il
brûleroit la voiture, et n'en feroit point d'autres, qu'il
n'eût été récompensé de ses peines. La voiture ne doit
pas être brûlée puisqu'elle n'a pas fait le voyage.

Monsieur Desforges ajoute : « Si cette voiture étoit
peinte en verd à l'huile de noix, elle dureroit plus de
quatre-vingts ans, en faisant 300 lieues par jour ; ce qui
seroit le plus sujet à s'user ce seroit les charnières, on
y prendra garde de temps en temps. Quand on les verra
à moitiée usées on y en substituera d'autres, mais avant
d'être usées à moitié, elles pourront servir trois mois de
suite à faire chaque jour 300 lieues. (Ces charnières
font apparemment l'effet des cartilages des Glumms.)

« Quoique le vent soit très contraire, on pourra voler
sans beaucoup d'efforts, de même qu'un batelier qui
rame pour remonter contre la marche d'une rivière, qui coule très lentement, non contre le cours
d'un fleuve très rapide. Cette voiture ne coûte presque
rien, il ne faut rien autre chose pour la construire que
de l'osier pour 40 sols, et du bois de Marseau pour
4 livres ; les journées du vannier sont plus chères, il n'y
a de l'ouvrage pour lui que pour 12 jours. Il faudra
revêtir le dessus des ailes et de l'impériale avec du
taffetas-cire d'Angleterre ; c'est ce qu'il y a de plus
coûteux. On coudra des plumes aux ailes, sans quoi

l'on voleroit trop rapidement. Les deux ailes formeront
une étendue (le terme est envergeûre) de 19 pieds
et demi, elles s'ôtent et se remettent quand on veut
partir. Il n'y a rien de cloué à la voiture, pas même
les charnières, qui s'ôtent aussi, quand on veut, et
néanmoins elle est d'une solidité que rien ne pourra
briser. Les oiseaux ne peuvent planer que soixante pas
au plus, mais ma voiture volante planera un demi-quart
de lieue. Car les oiseaux n'ont que deux ailes pour
planer; mais moi, outre les. deux ailes, j'ai encore
l'impériale qui m'aidera à planer; elle est longue de
8 pieds, et large de 6. La voiture est si simple, si aisée
à conduire, que les dames et les demoiselles pourront
toutes s'en servir facilement, et se conduire elles-
mêmes, et tout vannier pourra en construire une
pareille en ayant le modèle. On pourra voler, tant
haut et tant bas qu'on voudra, sans le moindre
danger. Ceux qui voleront au-dessus de l'atmosphère,
quoique l'air y soit rare, en trouveront une dose plus
que suffisante pour la respiration, parce qu'en volant,
ils pressent l'air devant eux. A tous ceux qui voudront
voler je leur donnerai aussi un préservatif contre la
trop grande affluence de l'air; si les Anglois faisoient
un fréquent usage de ma voiture volante, cela leur
rafraîchiroit les poumons et ils ne mourroient plus
de consomption. La voiture que je fabrique actuellement n'est que pour le conducteur lui seul, je ne ré-
pons pas pour davantage. Néanmoins je crois fermement
que je pourrai construire une voiture capable d'enlever
encore une personne outre le conducteur. Cette personne ne sera pas dans la voiture, de peur de faire
perdre l'équilibre, mais sous le milieu de la voiture on
attachera solidement un siège environné de soutiens
(vessies ou calebasses peut-être). La personne sera
assise sur ce siège sans le moindre danger, à cause des
soutiens qui l'environneront, elle sera précisément au-
dessous des pieds du conducteur, lequel sera en quel-

que façon comme un aigle qui emporte un petit mouton avec ses pattes. » (Quelle commodité pour les enlèvements! que d'agneaux, que de moutons même iront se précipiter dans les serres des aigles, des milans, des vautours!)

« Enfin la voiture est construite avec tant de légèreté, que si l'on tirait deux boulets de canon, pour en arracher les deux ailes, quand elle sera à 200 pieds de hauteur, la voiture dégarnie de ses deux ailes ne tombera pas, mais elle descendra dix fois plus lentement qu'en volant. Il n'y aura donc aucun danger; aussi est-ce moi qui aurai le plaisir de voyager le premier (après Cyrano de Bergerac et Pierre Wilkins) par les régions aériennes. »

Les expériences de la voiture volante de l'abbé Desforges n'ont pas été renouvelées après son premier échec. Ses tentatives donnèrent lieu à une amusante pièce de théâtre qui fut jouée à la comédie italienne et qui eut pour titre : *Le cabriolet volant*.

Plusieurs années avant la découverte des aérostats par les frères Montgolfier, Blanchard, qui devait plus tard devenir un aéronaute passionné, étudiait avec beaucoup de persévérance le problème du vol mécanique. Voici la curieuse lettre qu'il publiait dans le *Journal de Paris*, à la date du 28 août 1781 :

L'avis que j'ai l'honneur de vous faire passer vous paraîtra une chimère, mais le fait n'existe pas moins.

Peu de personnes ignorent que, depuis un certain laps de temps, je m'occupe, proche Saint-Germain-en-Laye, à construire un vaisseau qui puisse naviguer dans l'air. J'ai choisi cet endroit, aussi isolé que superbe, afin de tenir la chose cachée, en me garantissant de la vue des curieux. Mais comme une entreprise de ce genre ne peut rester longtemps sous le secret, tous les environs, et Paris même, en ont été bientôt instruits, notamment plusieurs grands seigneurs qui ont bien voulu m'honorer de leur présence, et qui m'ont promis de très grandes récompenses en cas de réussite. Mais comme depuis environ un mois, des affaires, jointes à une maladie, m'ont empêché de terminer cet ouvrage, j'entends tous les jours dire au public (qui ignore ces causes), cet homme entreprenait l'impossible. En effet, au premier coup d'œil, la chose paraît telle ; mais après de sages réflexions, on ne sait qu'en décider.

Depuis plus de douze ans je m'occupe à ce projet, j'y trouvais d'abord bien des obstacles ; mais, toujours convaincu de la possibilité de voler, je n'ai cessé d'y travailler. Je suis actuellement à ma sixième opération. Il ne me reste plus qu'une seule difficulté, qu'un homme plus riche que moi lèverait facilement.

L'idée d'une voiture volante me fut suggérée par le récit des essais de M. de Baqueville ; certainement si cet amateur, qui était fortuné, eût poussé la chose aussi avant que moi, il eût fait un chef-d'œuvre ; mais malheureusement on se rebute quelquefois aux premiers essais, et par là on ensevelit dans l'obscurité les choses les plus magnifiques.

Comme plusieurs personnes s'imaginent que c'est l'enthousiasme où je suis de mon projet, qui me fait parler, ils m'objectent que la nature de l'homme n'est pas de voler, mais bien celle des oiseaux emplumés. Je réponds que les plumes ne sont pas nécessaires à l'oiseau pour voler, une tenture quelconque suffit. La mouche, le papillon, la chauve-souris, etc., volent sans plumes et avec des ailes en forme d'éventail, d'une matière semblable à la corne. Ce n'est donc ni la matière ni la forme qui fait voler ; mais le volume proportionné, et la célérité du mouvement qui doit être très mobile.

L'on m'objecte encore qu'un homme est trop pesant pour pouvoir s'enlever seulement avec des ailes, moins encore dans un navire dont le seul nom présente un poids énorme. Je réponds que mon navire est d'une très grande légèreté; quant à la pesanteur de l'homme, je prie que l'on fasse attention à ce que dit M. de Buffon, dans son *Histoire naturelle*, au sujet du condor; cet oiseau, quoique d'un poids énorme, enlève facilement une génisse de deux ans, pesant au moins cent livres, le tout avec des ailes d'environ trente à trente-six pieds d'envergure.

L'ascension de ma machine avec le conducteur dépend donc de la force dont l'air sera frappé, en raison du poids.

Voici, en abrégé, l'analyse de ma machine que, dans quelques jours, j'aurai l'honneur de vous détailler plus amplement.

Sur un pied en forme de croix est posé un petit navire de 4 pieds de long sur 2 pieds de large, très solide, quoique construit avec de minces baguettes; aux deux côtés du vaisseau s'élèvent deux montants de 6 à 7 pieds de haut, qui soutiennent 4 ailes de chacune 10 pieds de long, lesquelles forment ensemble un parasol qui a 20 pieds de diamètre, et conséquemment plus de 60 pieds de circonférence. Ces 4 ailes se meuvent avec une facilité surprenante. La machine, quoique très volumineuse, peut facilement se soulever par deux hommes.

Elle est actuellement portée à sa perfection; il ne reste plus que la tenture à faire poser, que je désire mettre en taffetas, c'est ce que je ferai à ma possibilité; et d'après cela on me verra enlever facilement à la hauteur qu'il me plaira, parcourir un chemin immense en très peu de temps, descendre où je voudrai, même sur l'eau, car mon navire en est susceptible.

L'on me verra fendre l'air avec plus de vivacité que le corbeau, sans qu'il puisse m'intercepter la respiration, étant garanti par un masque aigu, et d'une construction singulière.

La boussole, qui sera sur la poupe de mon vaisseau, servira à diriger ma course que rien ne pourra arrêter, sinon la violence des vents contraires; mais *omne violentum non est durabile*.

Il n'y aura donc que les ouragans et la force des vents contraires qui pourront m'arrêter dans ma course; car un calme parfait me sera tout à fait favorable; avantage que j'aurai sur les vaisseaux, qui ne peuvent non plus voyager pendant ce temps, que par un vent contraire.

L'armée des Grecs, qui brûlait d'aller faire la guerre à Priam, roi des Troyens, fut obligée de rester six mois de suite au port avec toute la flotte, parce qu'ils avaient sans cesse les vents contraires.

A la vérité, je n'irai pas si vite par un vent contraire, mais encore j'irai beaucoup plus vite qu'un vaisseau qui a le bon vent. J'espère, messieurs, vous en donner la preuve physique dans peu [1].

J'ai l'honneur d'être, etc.

BLANCHARD.

Le 1ᵉʳ mai 1782, Blanchard annonça pour deux dimanches suivants l'expérience de son appareil ou *vaisseau volant*.

Au moyen de son système il s'était élevé déjà, mais à l'aide d'une corde maintenue par des contrepoids; l'expérience publique fut successivement ajournée.

Les journaux n'en continuaient pas moins à s'en entretenir, et tout le monde parlait du vaisseau volant de Blanchard. Les uns en espéraient des résul-

1. *Journal de Paris*, n° 240, mardi 28 aoust 1781, p. 966.

tats merveilleux, les autres se montraient incrédules et parmi ceux-ci, le célèbre de Lalande de l'Académie des sciences ; voici les principaux passages d'une

Fig. 9. — La voiture volante de Blanchard (d'après une gravure publiée en juillet 1782).

lettre qu'il a publiée dans le *Journal de Paris* à la date du 23 mai 1782.

Aux auteurs du journal.

Il y a si longtemps, Messieurs, que vous parlez de bateaux volans et de baguettes tournantes[1], qu'on pourrait

---

1. On s'occupait beaucoup à cette époque des baguettes divinatoires pour la recherche des sources.

penser à la fin que vous croyez à toutes ces folies ou
que les savans qui coopèrent à votre journal, n'ont rien
à dire pour écarter des prétentions aussi absurdes. Per-
mettez donc, Messieurs, qu'à leur défaut, j'occupe quelques lignes dans votre journal pour assurer à vos
lecteurs que si les savans se taisent, ce n'est que par
mépris.

Il est démontré impossible dans tous les sens qu'un
homme puisse s'élever ou même se soutenir en l'air :
M. Coulomb, de l'Académie des sciences, a lu, il y a plus
d'un an, dans une de nos séances, un mémoire où il
fait voir par le calcul des forces de l'homme, fixées par
l'expérience, qu'il faudrait des ailes de douze à quinze
mille pieds, mues avec une vitesse de trois pieds par seconde ; il n'y a donc qu'un ignorant qui puisse former
des tentatives de cette espèce[1].

On voit que l'astronome était sévère.... mais
juste, serons-nous tenté d'ajouter. Quoiqu'il exa-
gérât singulièrement le diamètre des ailes artificielles qu'il faudrait pour enlever un homme
(15 000 pieds !), il est certain que la voiture volante
de Blanchard n'aurait jamais pu s'élever. J'en
reproduis l'un des dessins (fig. 9) d'après des gravures fort rares que je possède. Ces gravures, peintes
à la main, ont été publiées en juillet 1782 par
Martinet, qui était au contraire un adepte convaincu
de l'aviateur.

L'examen que j'ai fait du vaisseau volant, dit Martinet
dans le *Journal de Paris* du 8 juillet 1782, m'ont con-

---

1. Blanchard et de Lalande eurent plus tard des discussions
animées au sujet des aérostats, et Lalande finit par exécuter une
ascension aérostatique.

vaincu de sa possibilité et m'ont déterminé à en graver le tableau que je publie. La raison qui retarde l'expérience de ce vaisseau est la lenteur des ouvriers que

Fig. 10. — Caricature sur la voiture aérienne ou vaisseau volant de Blanchard.

l'auteur de cette ingénieuse mécanique a employés jusqu'à présent.... Qui souhaite plus de voler? Celui sans doute qui est sûr du succès de son invention par des principes fondés sur des tentatives multipliées qu'il a faites avec succès. Il s'élèvera, il volera et tout incrédule dira : *je ne l'aurais pas cru.*

MARTINET,
Ingénieur et graveur du
Cabinet du Roi, rue St-Jacques,
près St-Benoît.

Malgré les affirmations le l'éditeur Martinet, le public attendit en vain l'expérience publique tant de fois annoncée; on ne tarda pas à se moquer de l'aviateur, comme l'indique la curieuse gravure satirique ci-contre (fig. 10), où des ânes sont « en admirant le départ du vaisseau volant ».

Blanchard ne s'éleva pas et ne vola pas, si ce n'est bientôt avec les ballons, dont la première expérience eut lieu à Annonay, le 5 juin 1783.

L'inventeur du vaisseau volant, s'inclina d'ailleurs de bonne grâce devant les merveilleux résultats obtenus par les Montgolfier, et il devint un de leurs plus fervents disciples.

V

L'HYDROGÈNE ET LA DÉCOUVERTE DES AÉROSTATS

Cavendish et la découverte du gaz hydrogène. — Le docteur Black
et le principe des aérostats. — Les bulles de savon gonflées d'hydrogène de Tibère Cavallo. — Les frères Montgolfier et les ballons à air chaud. — Le physicien Charles et les ballons à gaz.

Pour terminer l'étude que nous avons entreprise,
des antériorités à la découverte des ballons, nous
citerons quelques faits curieux, relatifs à de véri-
tables expériences aérostatiques faites en petit, avant
la construction de la montgolfière d'Annonay. Ces
expériences sont la conséquence de la découverte
du gaz hydrogène et de ses propriétés.

Dès que Cavendish eut constaté que le gaz hydrogène est beaucoup plus léger que l'air, l'idée des
ballons pouvait naître. Elle naquit, en effet, mais
sans être mise immédiatement en exécution.

Il semble probable que le docteur J. Black,
d'Édimbourg, eut la conception des aérostats,
comme l'indiquent les passages de la lettre qu'il a
écrite au docteur Lind, après la découverte des
frères Montgolfier.

Il me parut, dit le docteur Black, en 1784, suivre

des principes de M. Cavendish, que, si une vessie suffisamment mince et légère était remplie d'air inflammable, la vessie et l'air qui y serait contenu formeraient
une masse moins pesante que le même volume d'air atmosphérique et qu'elle s'élèverait dans l"espace. J'en
parlai à quelques-uns de mes amis et dans mes leçons,
lorsque j'eus occasion de traiter de l'air inflammable,
ce qui fut dans l'année 1767 ou 1768.

Le docteur Black ne fit pas l'expérience; mais
elle fut tentée en 1782 par un Anglais, Tibère
Cavallo, comme le prouve incontestablement une
curieuse note présentée, le 20 juin 1782, à la
Société royale de Londres, et de laquelle nous empruntons les passages suivants :

... Il s'agissait, dit Cavallo, après avoir exposé quelques
notions sur le gaz inflammable, de construire un vaisseau ou une espèce d'enveloppe qui, remplie d'air inflammable, serait plus légère qu'un volume égal d'air
commun, et qui conséquemment pourrait monter, de
même que la fumée, dans l'atmosphère, car on savait
bien que l'air inflammable est spécifiquement plus léger que l'air commun.... J'essayai les vessies les plus
minces et les plus grandes que je pus me procurer.
Quelques-unes furent nettoyées avec beaucoup de soin
en ôtant toutes les membranes superflues, et les autres
matières qu'il était possible d'enlever ; mais, malgré
toutes ces précautions, la plus légère et la plus grande
des vessies préparées étant pesée, et le calcul nécessaire
fait, il se trouva que lorsqu'elle serait remplie d'air inflammable, elle serait au moins de dix grains plus pesante qu'un égal volume d'air commun, et que conséquemment elle descendrait au lieu de monter. Nous
trouvâmes aussi que quelques vessies qui servent aux
poissons à nager étaient trop pesantes. Je ne pus jamais

réussir à faire aucune bulle légère et durable, en souf-
flant de l'air inflammable dans une solution épaisse de
gomme, les vernis épais ni les peintures à l'huile. Enfin les bouteilles (bulles) de savon remplies d'air inflammable furent la seule chose de cette sorte qui s'éleva
dans l'atmosphère ; mais comme elles se détruisent facilement et qu'on ne peut les manier, elles ne semblent
applicables à aucune expérience de physique.

Tibère Cavallo dans son mémoire donne la
description complète de l'appareil qu'il emploie
pour gonfler d'hydrogène les bulles de savon[1]. Il
prépare le gaz dans une petite fiole de verre, il en
remplit une vessie munie d'un tube, qu'il plonge
dans un bassin plein d'eau de savon ; il la presse
entre les mains ; les bulles se dégagent, gonflées de
l'air inflammable ; elles s'élèvent dans l'atmosphère.
Le physicien anglais continue en ces termes :

Dans les différentes tentatives que je fis pour la réussite de l'expérience dont j'ai déjà parlé, j'employai le
papier, qui semblait propre pour la construction d'une
enveloppe, qui, remplie d'air inflammable, serait plus
légère que l'air commun ; d'après cela, je me procurai
de très beau papier de la Chine, je m'assurai de son
poids ; le calcul nécessaire étant fait, je donnai à cette
enveloppe une forme cylindrique, terminée par deux
cônes très courts, et la fis de telle dimension que, venant
à être remplie d'air inflammable, elle fût plus légère
qu'un pareil volume d'air commun, d'au moins vingt-
cinq grains ; en conséquence, elle devait s'élever comme
la fumée dans l'atmosphère.

1. *Histoire et pratique de l'aérostation*, par M. Tibère Cavallo,
traduit de l'anglais. Un vol. in-8°, Paris, MDCCLXXXVI.

Après avoir essayé cette machine de papier en la remplissant d'air commun, je mis dans une grande bouteille de l'acide vitriolique affaibli, et de la limaille de fer pour retirer de l'air inflammable qui, à l'instant de son dégagement, devait remplir cette enveloppe, qui avait communication avec la bouteille par un tube de verre, et était suspendue au-dessus de cette bouteille. On avait fait sortir l'air commun de la machine de papier en la comprimant; mais je fus très étonné de voir que, malgré le dégagement rapide de l'air inflammable, elle ne se remplissait nullement, et que, d'un autre côté, l'air inflammable répandait une très forte odeur dans la chambre.... L'air inflammable passait à travers les pores du papier, comme l'eau au travers d'un crible.

On voit que jamais expérimentateur n'atteignit de plus près le grand but de l'aérostation. Tibère Cavallo est digne d'avoir son nom inscrit parmi les précurseurs des Montgolfier, mais il se borna à exécuter une simple expérience de laboratoire; il ne songea pas à rendre les tissus imperméables pour conserver l'hydrogène, il s'arrêta au moment même où il touchait du doigt la solution du problème.

Il allait appartenir aux frères Montgolfier de lancer pour la première fois, à l'air libre, la sphère aérostatique, dont ils sont incontestablement les inventeurs. Sans rien vouloir leur enlever de la gloire qui leur est due, nous espérons avoir montré qu'il est intéressant, au point de vue historique, d'étudier ce qu'ont pu entreprendre ou proposer leurs précurseurs.

On a souvent donné des récits différents sur

l'origine de cette étonnante découverte. Voici comment M. de Gérando en a fait connaître le premier motif dans sa notice biographique sur Joseph de Montgolfier, et d'après ce que lui avait dit l'inventeur lui-même.

Joseph Montgolfier se trouvait à Avignon et c'était à l'époque où les armées combinées tentaient le siège de Gibraltar. Seul, au coin de sa cheminée, rêvant selon sa coutume, il considérait une sorte d'estampe qui représentait les travaux du siège; il s'impatientait de voir qu'on ne pût atteindre au corps de la place, ni par terre, ni par eau. « Mais ne pourrait-on point y arriver au travers des airs? la fumée s'élève dans la cheminée; pourquoi n'emmagasinerait-on pas cette fumée de manière à en composer une force disponible?» Son esprit calcule à l'instant le poids d'une surface donnée de papier ou de taffetas; construit sans désemparer son petit ballon, et le voit s'élever du plancher, à la grande surprise de son hôtesse et avec une joie singulière. Il écrit sur-le-champ à son frère Étienne, qui était pour lors à Annonay[1] : « Prépare promptement des provisions de taffetas, de cordages, et tu verras une des choses les plus étonnantes du monde. »

C'est le 5 juin 1783 que Joseph et Étienne Montgolfier lancèrent pour la première fois à l'air libre la sphère aérostatique. C'était un ballon de papier gonflé d'air chaud. Il monta dans l'espace, en présence des membres des États du Vivarais et de nombreux habitants du pays. — Cette expérience eut un retentissement considérable; on comprenait

1. La lettre existe encore et a été produite à l'Institut à l'occasion de la nomination de Joseph de Montgolfier.

alors que la première étape était faite dans le chemin de la conquête de l'atmosphère.

Le physicien Charles, et Robert construisirent à
Paris le premier ballon à gaz hydrogène; Pilâtre de
Rozier et le marquis d'Arlandes exécutèrent la première ascension que les hommes aient jamais faite,
en quittant le sol.

Une nouvelle et immense découverte venait d'accroître la liste des victoires que le génie de l'homme
remporte parfois sur la matière inerte.

La découverte des ballons est une des plus grandes
conquêtes que l'on doive aux inventeurs. Elle a permis à l'homme de vaincre les lois de la pesanteur
qui semblaient l'attacher à jamais à la surface de la
terre qu'il habite : un jour viendra où elle apportera
à l'humanité des ressources immenses que nous
pouvons à peine soupçonner aujourd'hui.

DEUXIÈME PARTIE

L'AVIATION
OU LA LOCOMOTION ATMOSPHÉRIQUE
PAR LE PLUS LOURD QUE L'AIR

> Pour les ballons, le volume c'est la puissance, la surface c'est l'obstacle. C'est le contraire pour l'appareil d'aviation : pour lui, la surface c'est le point d'appui, le volume c'est la force qui l'attire vers le sol. Aussi il est à craindre, à mon sens, que les appareils d'aviation, autrement dit de vol mécanique, ne puissent atteindre d'ici longtemps à des dimensions suffisantes pour être utiles.
> ALPHONSE PÉNAUD.

1

LE VOL DES INSECTES ET DES OISEAUX

L'oiseau artificiel de Borelli au dix-septième siècle. — Les études
de Navier. — Les idées de M. Bell Pettigrew sur l'action de l'aile
des êtres volants. — Les travaux de M. Marey. — M. Mouillard
et M. Goupil.

La vue des insectes et des oiseaux qui volent
dans l'air a souvent donné aux mécaniciens l'idée
d'imiter la nature et de construire des appareils
volants artificiels, soit en petit, à titre expérimental,
soit en grand, pour élever un homme et lui donner
les facultés de se mouvoir au sein de l'atmosphère.

Nous avons déjà étudié une partie des études ou
des expériences qui ont pu être faites à ce sujet
dans les siècles passés; nous examinerons ici le
problème à un point de vue plus spécialement scientifique, en passant d'abord en revue les travaux
méthodiques que l'on doit aux aviateurs et aux
physiologistes.

L'étude du vol est déjà ancienne; on trouve une
description très bien faite d'ailes artificielles dans
le *Motu animalium* de Borelli, datant de 1680,
c'est-à-dire de plus de deux siècles. Dans ses mé-

moires sur le vol considéré au point de vue de l'aéronautique, un savant anglais, M. Bell Pettigrew, a fort bien résumé les idées de l'ancien physiologiste et mathématicien italien[1].

Il était familiarisé, dit M. Pettigrew, avec les propriétés du coin appliqué au vol, et connaissait également la flexibilité et l'élasticité des ailes. C'est à lui qu'on doit faire remonter la théorie purement mécanique de l'action des ailes. Il a figuré un oiseau avec des ailes artificielles dont chacune consiste en une baguette rigide en avant, et des plumes flexibles derrière. J'ai cru bon de reproduire la figure de Borelli à la fois à cause de sa grande antiquité et parce qu'elle éclaircit admirablement son texte[2]. Les ailes *b c f*, et *a* (fig. 11) sont représentées comme frappant verticalement en bas *g h*. Elles s'accordent remarquablement avec celles décrites par Straus-Durckheim, Girard, et tout récemment par le professeur Marey. Borelli pense que le vol résulte de l'application d'un plan incliné qui bat l'air, et qui fait l'office du coin. En effet, il s'efforce de prouver qu'un oiseau s'insinue dans l'air par la vibration perpendiculaire de ses ailes, les ailes pendant leur action formant un angle dont la base est dirigée vers la tête de l'oiseau, le sommet *a f* étant dirigé vers la queue.

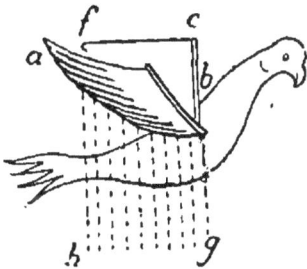

Fig. 11. — Oiseau figuré par Borelli (1680).

1. *La locomotion chez les animaux, ou marche, natation et vol,* par Bell Pettigrew, in-8°. Paris, Germer Baillière.
2. *De motu animalium.*

Borelli explique plus loin comment un coin étant poussé dans un corps, il tend à le séparer en deux portions; mais si l'on permet aux parties du corps de réagir sur le coin, elles communiqueront des impulsions obliques aux faces du coin, et le feront sortir la base la première, en ligne droite.

Poursuivant cette analogie, Borelli s'efforce de faire voir que si l'air agit obliquement sur les ailes, le résultat sera un *transport horizontal du corps de l'oiseau*: Si l'aile frappe *verticalement vers le bas*, l'oiseau volera *horizontalement en avant*.

Je ne saurais mieux faire d'ailleurs que de citer textuellement les passages les plus saillants de l'ouvrage de Borelli.

Si l'air placé sous les ailes est frappé par les parties flexibles des ailes, avec un, mouvement vertical, les voiles et les parties flexibles de l'aile céderont dans une direction ascendante et formeront un coin, ayant la pointe dirigée vers la queue. Que l'air, donc, frappe les ailes par dessous, ou que les ailes frappent l'air par dessous, le résultat est le même, les bords postérieurs ou flexibles des ailes cèdent dans une direction ascendante, et en agissant ainsi, poussent l'oiseau dans une direction horizontale.

Quant au second point ou au mouvement transversal des oiseaux (c'est-à-dire au vol horizontal), quelques auteurs se sont étrangements mépris; ils pensent qu'il est semblable à celui des bateaux qui, poussés à l'aide de rames, se meuvent horizontalement dans la direction de la proue, et en pressant sur l'eau résistant en arrière, s'élancent avec un mouvement contraire et sont ainsi portés en avant. De la même manière, disent-ils, les ailes vibrent vers la queue, avec un mouvement hori-

zontal et frappent également contre l'air non troublé,
grâce à la résistance duquel elles se meuvent, par une
réflexion de mouvement. Mais c'est contraire au témoi-
gnage de nos yeux aussi bien qu'à la raison ; car nous
voyons que les plus grandes espèces d'oiseaux, tels que
cygnes, oies, etc., ne font jamais en volant vibrer leurs
ailes vers la queue avec un mouvement horizontal
comme celui des rames, mais les courbent toujours vers
le bas, et décrivent ainsi des cercles élevés perpendiculairement à l'horizon.

Plus d'un siècle s'écoula après Borelli, sans que
l'étude du vol ait été soumise à des observations
précises.

En 1830, Navier a présenté à l'Académie des
sciences des considérations sur le mécanisme du
vol chez les oiseaux, et la possibilité d'approprier
cette faculté à l'homme. Je vais m'efforcer de reproduire succinctement les principaux arguments de
l'auteur.

La première chose à déterminer, quand on exa-
mine la manière dont s'opère le vol des oiseaux, est
la force qu'ils emploient pour faire mouvoir leurs
ailes. Pour cela, il convient de les considérer, 1° lorsqu'ils veulent s'élever verticalement ou planer dans
l'air, sans avancer ni reculer, en résistant seulement
à l'action de la pesanteur ; 2° lorsqu'ils veulent se
mouvoir horizontalement avec une grande vitesse,
dans un air calme, ou lutter contre un vent violent.

Lorsque l'oiseau plane simplement dans l'air, la
vitesse d'abaissement du centre de l'aile peut être
estimée, d'après Navier, à environ 7 mètres par

seconde. Le temps de l'élévation de l'aile est à peu près double de celui de l'abaissement, et le nombre de vibrations ou battements des ailes dans une seconde est d'environ 23. La quantité de travail que dépense l'oiseau en une seconde est égale à celle qui serait nécessaire pour élever son propre poids à 8 mètres de hauteur.

Lorsque l'oiseau peut se mouvoir horizontalement avec une grande vitesse, comme 15 mètres par seconde, l'action de la pesanteur devient alors très petite par rapport à la résistance que l'air oppose au mouvement du corps, et cette action peut être négligée. Par conséquent, le mouvement horizontal de l'oiseau exige que la direction du battement des ailes soit aussi sensiblement horizontale. La vitesse d'abaissement de l'aile doit être alors trois fois et demie plus grande que la vitesse du déplacement de l'oiseau dans cet air tranquille.

D'après ce qui précède, il est aisé de comparer, d'après Navier, la quantité de travail que l'homme est capable de produire, avec celle qu'exige le vol. L'oiseau qui plane dans l'air dépense dans chaque seconde la quantité d'action nécessaire pour élever son poids à 8 mètres de hauteur. Un homme, employé, dans les travaux des arts, à tourner une manivelle pendant huit heures par jour, est regardé comme élevant moyennement, dans une seconde, un poids de 6 kilogrammes à 1 mètre de hauteur. En supposant que cet homme pèse 70 kilogrammes, cette quantité de travail est capable d'élever son propre poids à 86 millimètres de hauteur. Ainsi, toutes proportions gardées, elle n'est pas la 1/92ᵉ partie de celle que l'oiseau dépense pour se soutenir dans l'air. Si l'homme était le maître de dépenser, dans un temps aussi court qu'il le voudrait, la quantité de travail qu'il dépense ordinairement en huit heures, on trouve qu'il pourrait chaque jour se soutenir dans l'air pendant cinq minutes; mais, comme il est fort éloigné d'avoir cette faculté, il est évident qu'il ne pourrait se soutenir que pendant un temps beaucoup moindre, ce qui ne serait sans doute qu'une portion très petite d'une minute. Ces rapprochements montrent à quel point les tentatives faites dans la vue de rendre l'homme capable de voler étaient chimériques. « L'idée du vol ne pouvait être réalisée, dit Navier, que dans des êtres poétiques, auxquels on attribuait un caractère divin, et par conséquent des forces sans limites et une vigueur inépuisable. »

Nous ajouterons ici que les calculs de Navier n'avaient pour point de départ aucune expérience, et qu'il est souvent facile de les réfuter. Navier, par exemple, s'est cru autorisé à admettre que dix-sept hirondelles dépenseraient le travail d'un cheval-vapeur!... « Autant vaudrait, dit spirituellement M. Bertrand, prouver par le calcul que les oiseaux ne peuvent pas voler, ce qui ne laisserait pas d'être compromettant pour les mathématiques. »

En terminant son rapport, Navier dit cependant que la création d'un art de la navigation aérienne est subordonnée à la découverte d'un nouveau moteur dont l'action comporterait un appareil beau-

coup moins pesant que ceux qu'on connait aujour-
d'hui[1].

Les travaux les plus importants qui ont été publiés
dans les temps modernes sur l'étude du vol aérien,
sont dus à M. Pettigrew en Angleterre, et surtout à
M. le professeur Marey, qui, avec la rigoureuse précision de la méthode expérimentale, a déterminé
les vrais mouvements des ailes des insectes et des
oiseaux. M. Pettigrew a cru voir dans la courbure de
l'aile une surface gauche hélicoïdale; frappé de cette
coïncidence entre la forme de l'aile et celle de l'hélice propulsive des navires, il en est arrivé à considérer l'aile de l'oiseau comme une vis dont l'air
serait l'écrou.

Nous ne croyons pas, a dit avec raison M. Marey,
devoir réfuter une pareille théorie. Il est trop évident
que le type alternatif qui appartient à tout mouvement
musculaire ne saurait se prêter à produire l'action propulsive d'une hélice; car en admettant que l'aile pivote
sur son axe, cette rotation se borne à une fraction de
tour, puis est suivie d'une rotation de sens inverse, qui
dans une hélice, détruirait complètement l'effet produit par le mouvement précédent.

M. Marey a étudié successivement le mécanisme
du vol des insectes et des oiseaux. Après avoir
employé la méthode graphique à déterminer le
mouvement des ailes, le savant professeur est
arrivé à reproduire ce mouvement et à construire un insecte artificiel. Voici comment l'au-

1. *Revue des revues*, 1850.

teur décrit lui-même ce remarquable appareil, que j'ai vu fonctionner jadis au laboratoire du Collège de France.

Pour rendre plus saisissable l'action de l'aile de l'insecte et les effets de la résistance de l'air, voici l'appareil que nous avons construit. Soit (fig. 12) deux ailes artificielles composées d'une nervure rigide prolongée en

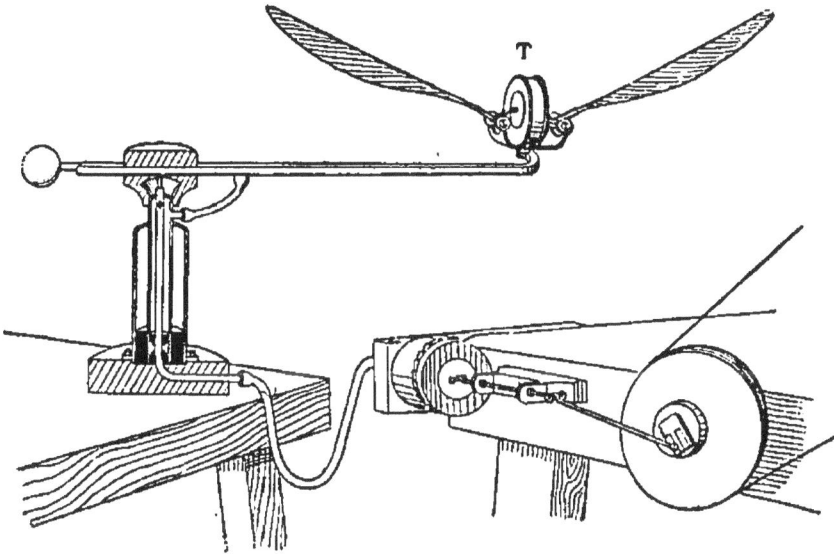

Fig. 12. — Insecte mécanique de M. Marey.

arrière par un voile flexible fait de baudruche soutenue par de fines nervures d'acier; le plan de ces ailes est horizontal. Un mécanisme de leviers coudés les élève ou les abaisse sans leur imprimer aucun mouvement de latéralité. Le mouvement des ailes est commandé par un petit tambour de cuivre T dans lequel de l'air est foulé ou raréfié alternativement par l'action d'une pompe. Les faces circulaires de ce tambour sont formées de membranes de caoutchouc articulées aux deux ailes par des leviers coudés ; l'air comprimé ou raréfié dans le tambour, imprime à ces membranes flexibles des mouvements puissants et rapides qui se transmettent aux deux ailes en même temps.

Un tube horizontal équilibré par un contrepoids, permet à l'appareil de pivoter autour d'un axe central, et sert en même temps à conduire l'air de la pompe dans le tambour moteur. L'axe est formé d'une sorte de gazomètre à mercure qui produit une clôture hermétique des conduits de l'air, tout en permettant à l'instrument de tourner librement dans un plan horizontal. Ainsi disposé, l'appareil montre le mécanisme par lequel la résistance de l'air combinée avec les mouvements de l'aile produit la propulsion de l'insecte.

En effet, si au moyen de la pompe à air on met en mouvement les ailes de l'insecte artificiel, on voit que l'appareil prend bientôt une rotation rapide, autour de son axe. Le mécanisme de la translation de l'insecte est donc éclairé par cette expérience, qui confirme pleinement les théories que nous avons déduites de l'analyse optique et graphique des mouvements de l'aile pendant le vol.

Pour que l'appareil qui vient d'être décrit, donne une idée complète du vol de l'insecte, en changeant l'inclinaison du plan d'oscillation de ses ailes, ce qui peut se faire par des mouvements de l'abdomen qui déplacent le centre de gravité, l'insecte peut, suivant les nécessités, augmenter sa tendance à voler en avant, perdre sa vitesse acquise, ou enfin se jeter de côté. Grâce à des modifications accessoires de son appareil, M. Marey a pu reproduire artificiellement le planement ou vol ascendant.

Les études du savant professeur sur le vol des oiseaux ont été conduites avec la même méthode.

Par une analyse délicate, M. Marey a déterminé les mouvements de l'aile pendant le vol; après avoir déduit de ces observations les principes du mécanisme du vol, il a su réaliser comme pour l'insecte la reproduction de quelques-uns de ces phénomènes au moyen d'appareils artificiels.

M. Marey a donné sur la théorie du vol des idées qui se rapprochent beaucoup de celles de Borelli.

Sur ce sujet comme sur tous ceux qui ont beaucoup prêté à la discussion, presque tout a été dit, de sorte qu'il ne faut pas s'attendre à voir sortir de mes expériences une théorie entièrement neuve. C'est dans Borelli qu'on trouve la première idée juste sur le mécanisme du vol de l'oiseau. L'aile, dit cet auteur, agit sur l'air *comme* un coin. En développant la pensée du savant physiologiste de Naples, on dirait aujourd'hui que l'aile de l'oiseau agit sur l'air à la façon d'un plan incliné, pour produire contre cette résistance une réaction qui pousse le corps de l'animal en haut et en avant. Confirmée par Strauss-Durckheim, cette théorie a été complétée par Liais, qui signale une double action de l'aile : d'abord celle qui, dans la phase d'abaissement de cet organe, soulève l'oiseau en lui imprimant une impulsion en avant; ensuite l'action de l'aile remontante qui s'oriente à la façon d'un cerf-volant et soutient le corps de l'oiseau en attendant le coup d'aile qui va suivre.

On nous a reproché d'aboutir à une théorie dont l'origine remonte à plus de deux siècles; nous préférons de beaucoup une ancienne vérité à la plus neuve des erreurs, aussi nous permettra-t-on de rendre au génie de Borelli la justice qui lui est due, en ne réclamant pour nous que le mérite d'avoir fourni la démonstration expérimentale d'une vérité déjà soupçonnée.

M. Marey, considérant, au point de vue de l'aéronautique, le problème qu'il a si bien étudié en
physiologiste, croit qu'il est possible d'imiter le
mécanisme du vol. Après les appareils d'étude
expérimentale que le savant professeur a réalisés,
nous allons voir, dans le chapitre suivant, que
MM. Alphonse Pénaud, Tatin et d'autres expérimentateurs ont, en effet, été plus loin en construisant
des petits oiseaux mécaniques qui volent d'eux-
mêmes à l'air libre. M. Marey ne doute pas que
l'on puisse dépasser encore ces résultats. « Nous
avons prouvé, dit-il, que rien n'est impossible dans
l'analyse des mouvements du vol de l'oiseau; on
nous accordera sans doute que la mécanique peut
toujours reproduire un mouvement dont la nature
est bien définie. »

Dans ces derniers temps, deux aviateurs, M. Mouillard et M. Goupil, ne se sont pas montrés moins
affirmatifs, mais sans avoir pu cependant donner
aucune preuve de démonstration expérimentale,
M. Mouillard a exécuté plusieurs essais à l'aide
d'un appareil de vol qu'il avait construit, mais
sans réussir à se soulever du sol[1].

M. Goupil a étudié les conditions mécaniques du
vol et il a donné notamment quelques chiffres intéressants à reproduire.

Un pigeon de 420 grammes dépense 2 kilogrammètres et demi, pour se soutenir immobile dans l'espace

1. Voy. L. P. Mouillard. *L'empire de l'air, essai d'ornithologie
appliquée à l'aviation*, 1 vol. in-8°. Paris, G. Masson, 1881.

en air calme; j'ai déterminé ce chiffre de deux façons
différentes, en voici une troisième.

Un pigeon de ce poids que j'ai eu occasion d'examiner fréquemment à mes pieds, que j'ai pesé et
mesuré, avait l'habitude de voleter à $0^m,70$ environ
au-dessus du sol, je ne sais pourquoi; ce travail pénible
lui demandait six coups d'ailes par seconde à l'amplitude de 170 degrés, ce qui, au centre de l'aile,
équivalait à $0^m,50$ d'arc décrit; dans ce cas, la violence
du battement est à peu près telle en relevant l'aile
qu'en l'abaissant, car la position du corps est à 45°, et
l'arc décrit par les ailes est dans un plan presque
horizontal; l'effort moyen était nécessairement égal au
poids de l'animal et le chemin parcouru de 12 fois
$0^m,50$, soit : $6^m \times 0^k,420 = 2^{kgm},50$. On peut évaluer à
8 chevaux par 100 kilog. le travail développé dans ce
cas pour produire la sustentation totale. La surface mesurant $0^m,09$, cette espèce dispose donc de 27^{kgm} par
mètre carré, et sa surface d'aile mesurant $0^m,06$, il
dispose de 40 kilogrammètres par mètre carré d'aile.
Avec cela il est maître de sa voilure et ne redoute ni
les coups de vent, ni la tempête[1].

M. Goupil tire de ses calculs la conclusion suivante : L'homme par sa seule puissance ne peut
produire le vol ramé, ni l'ascension directe. Mais
il peut, avec un appareil bien conditionné, produire
un planement horizontal à la condition de pouvoir
se mettre en vitesse.

1. *La locomotion aérienne*. Étude par A. Goupil, 1 vol. in-8°.
Charleville, 1884.

II

i

LES MACHINES VOLANTES ARTIFICIELLES
OU ORTHOPTÈRES

Machine volante de Gérard en 1784. — Projet d'homme volant de
C. F. Meerwein. — Vol artificiel à tire-d'ailes. — L'horloger
Degen. — Les expériences de 1812. — Machine volante de Kauf-
mann en 1860. — Un projet d'Edison. — Oiseaux mécaniques de
Le Bris, d'Alphonse Penaud, du Dr Hureau de Villeneuve, de
Victor Tatin, etc.

Les aviateurs désignent sous le nom d'*orthoptères*
des appareils de vol mécanique qui ont pour organes principaux des surfaces animées de mouvements à peu près verticaux ; ce sont en un mot des
systèmes à ailes battantes artificielles. On les distingue des *hélicoptères*, qui se soutiennent à l'aide
d'hélices en rotation autour d'un axe, et des *aéroplanes* formées de surfaces plates inclinées d'un
petit angle sur l'horizon et poussées à l'aide de
propulseurs.

En 1783 et en 1784, quand les premières ascensions aérostatiques surexcitèrent l'esprit public, il
ne manqua pas d'aviateurs pour proposer différents
systèmes de machines volantes. — Gérard dès 1784,

publia son *Essai sur l'art du vol aérien*[1], où il donne le naïf dessin que nous reproduisons d'une machine volante (fig. 13), oubliant de parler des organes essentiels de l'appareil : le mécanisme proprement dit et le moteur.

La même année, C. F. Meerwein, architecte du prince de Galles, proposa de construire un grand appareil destiné à un homme volant[2]. Cet appareil devait être formé de deux grandes ailes qu'un homme fixé au milieu, à l'aide de courroies, aurait fait fonctionner lui-même. Nous donnons l'aspect de l'appareil, vu en dessous et de côté par l'avant (fig. 14), d'après la figure même qu'en a publiée l'auteur en 1784.

Fig. 13. — Machine volante de Gérard (1784).

Ce que des écrivains plus ou moins compétents, s'étaient bornés à proposer à la fin du siècle dernier, après la découverte des aérostats, des hommes de hardiesse ont voulu parfois le réaliser à une époque plus récente.

Au commencement de ce siècle, le public se pré occupa très vivement de l'aviation par le *vol artificiel à tire-d'ailes*, à la suite de deux entreprises

1. *Essai sur l'art du vol aérien*, avec figures, 1 vol. in-32. Paris, 1784.
2. *L'art de voler à la manière des oiseaux*, par Charles Meerwein. A Basle, 1784, in-8° de 48 pages avec 2 planches hors texte.

qui eurent un très grand retentissement. La première est celle d'un nommé Calais qui, en 1801, annonça qu'il s'élèverait dans les airs au moyen d'un appareil volant de son invention ; l'expérience se fit au jardin Marbeuf, à Paris : elle fut malheureuse et ridicule et nous n'avons rien à en dire.

La seconde tentative attira l'attention de l'Europe entière et produisit une grande émotion. Elle

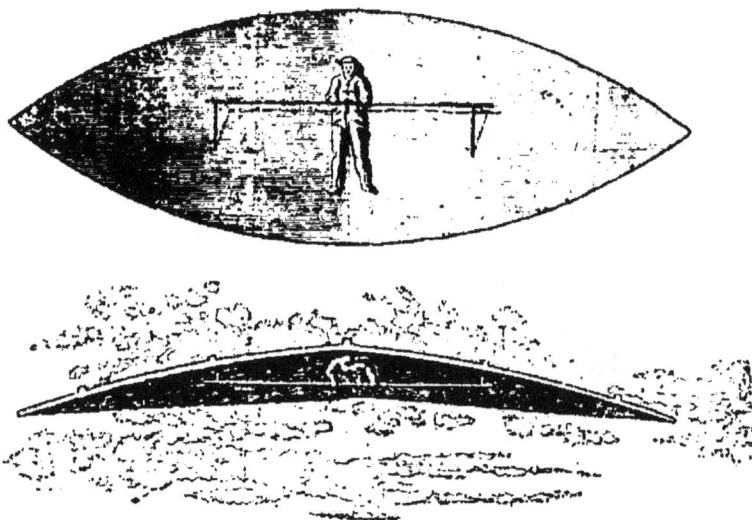

Fig. 14. — Projet d'homme volant de C. F. Meerwein (1784).

eut pour acteur un horloger de Vienne nommé Degen, qui commença à faire parler de lui en 1809. A cette époque tous les journaux annoncèrent que Degen s'était élevé dans les airs, à Vienne, au moyen d'une machine de son invention.

On comprend combien la curiosité publique dut être tenue en éveil par cette nouvelle, et on ne tarda pas à publier à Paris quelques détails sur le système du mécanicien viennois.

Il était difficile de bien juger l'invention de Degen,

parce que les détails qu'on en donnait, étaient très
incomplets. Voici ce qu'on avait lu dans une feuille
allemande :

M. Jacques Degen[1], habile horloger de Vienne, vient
de s'élever dans l'air comme un oiseau, par un procédé de son invention. Il s'applique deux ailes artificielles faites de petits morceaux de papier, joints ensemble avec de la soie la plus fine. En battant de ces
ailes, il s'élève avec beaucoup de rapidité, et dans une
direction soit perpendiculaire, soit oblique, jusqu'à la
hauteur de cinquante-quatre pieds. Son expérience, qui
eut lieu devant une société nombreuse, lui valut les
plus vifs applaudissements.

Un savant de Leipsick, M. Zacharie, avait publié
les gravures que nous reproduisons ci-contre, en
les réduisant (fig. 15 et 16), et qui ne tardèrent pas
à être exposées chez tous les marchands d'estampes
de Paris. Il avait ajouté quelques pages de texte
où il faisait des restrictions prudentes. M. Degen
s'est élevé. Pourquoi oublie-t-on de dire quel jour
et à quelle heure? La société était nombreuse : pourquoi ne nomme-t-on personne? Quoi qu'il en soit
de ces réserves, le savant Allemand donne la description du mécanisme. Nous allons en reproduire
les passages les plus saillants.

Les deux ailes présentent une carcasse probablement de jonc ou de baleine, à peu près comme celle

---

1. Le vrai nom de l'inventeur était Jacob Degen. Depuis on a
presque toujours écrit Deghen. Nous avons conservé l'orthographe
primitive du nom.

d'un parasol, et dont les parties, pour réunir à la plus grande ténuité la plus grande raideur, sont combinées par en haut, ainsi que par en bas, par de

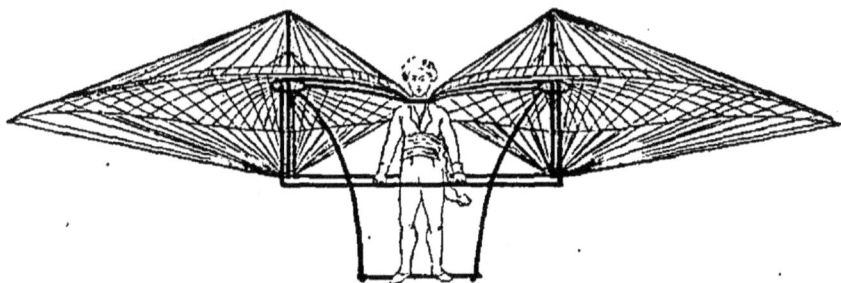

Fig. 15. — Appareil volant de Degen (1812).

petites cordes, attachées au-dessus et au-dessous de l'aile, à une forte baguette qui passe comme un axe par le milieu. On voit à chaque aile plusieurs systèmes de cordes dont l'effet devait être

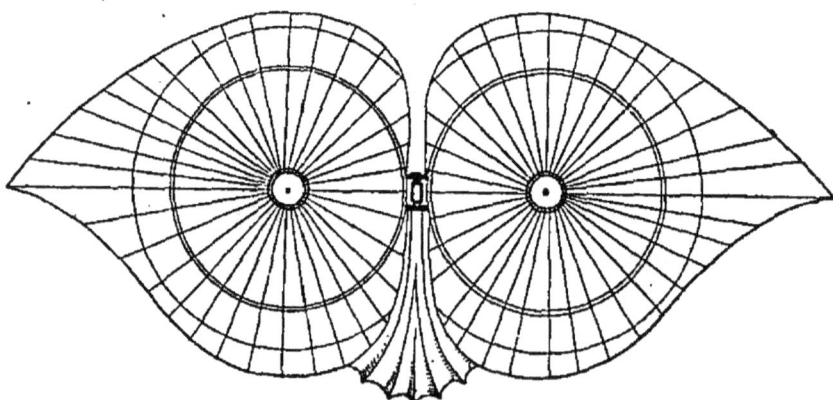

Fig. 16. — Appareil de Degen, figuré en plan.

de donner à chaque parasol beaucoup de solidité.

Un point important se trouvait caché dans ces descriptions, Degen n'en parlait pas : c'est que le

système, avec l'aviateur, devait être attaché à un
petit ballon gonflé de gaz hydrogène. L'inventeur
avait la prétention, à l'aide de ses ailes, d'entraîner
l'aérostat qui le soulevait, et de le diriger dans l'atmosphère. Le projet n'était pas réalisable, l'aérostat
sphérique destiné à enlever le poids d'un homme
offrant déjà un volume et une surface considérables.

Nous résumerons d'une façon complète l'histoire
malheureuse des expériences exécutées par Degen à
Paris en 1812, en reproduisant les articles qui
ont successivement été publiés à ce sujet dans le
Journal de Paris.

Le premier article que l'on va lire est d'autant
plus intéressant, qu'il a été écrit par Garnerin, le
célèbre expérimentateur du parachute.

Extrait du *Journal de Paris* du 9 juin 1812.

M. DEGEN

Volera-t-il? Ne volera-t-il pas?

Voila ce qu'on se dit depuis quelques jours, dans les
places publiques, dans les promenades, dans les salons
dorés, dans les boutiques des marchands : volera-t-il, ne
volera-t-il pas? à quoi servent les journalistes s'ils ne
parlent jamais qu'après l'événement? à quoi servent-ils
surtout, si, imitant certain critique de théâtre, ils ne
nous disent pas même la vérité après l'événement, et
s'ils prennent, suivant leur intérêt personnel, les applau-
dissemens pour des sifflets, et les sifflets pour des ap-
plaudissemens?

Moi, j'oserai prendre franchement l'initiative, au risque
de faire rire de pitié ces ignorans orgueilleux qui se

disent sceptiques par principe et qui ne le sont que par sottise.

Avant que les hommes aient trouvé une substance spécifiquement plus légère que l'air atmosphérique prête à les soutenir dans l'espace, on a pu douter du succès de semblables tentatives; mais aujourd'hui que le gaz inflammable est employé avec tant de facilité pour élever les corps, on conçoit qu'une semblable expérience offre beaucoup de chances de succès.

Il est certain que plusieurs animaux, sans avoir rien de commun avec les oiseaux, du moins quant à l'organisation, peuvent s'élever dans les airs et même voler : c'est ce que font les chauves-souris, et quelques espèces d'écureuils qui sont des animaux à poils et à mamelles. Certains lézards volent d'un arbre à l'autre, des poissons même s'élèvent pendant quelques instans dans les airs en se servant de leurs nageoires comme les volatiles se servent de leurs ailes; nul doute que la mécanique seule ne pût parvenir à faire des espèces d'ailes avec lesquelles on pourrait quelque tems se soutenir dans les airs et même aller d'un lieu à un autre.

Il ne faut donc pas être surpris que quelques têtes ardentes aient tenté l'entreprise. Dans le siècle dernier, Bacqueville et Blanchard eurent l'intention de voler; l'un vola aussi bien et presque aussi longtemps que l'espèce de lézard connu sous le nom de dragon; l'autre s'occupait depuis longtemps de la construction d'un bateau à ailes, que j'ai vu, il y a environ 25 ans, chez l'abbé Viennai, au faubourg Saint-Germain. La découverte des aérostats par Montgolfier, l'application du gaz inflammable à la formation des ballons, le détourna de son projet, et Blanchard trouva plus commode et plus sûr de suspendre sa nacelle à un ballon aérostatique.

Il y a quelques années qu'un M. Pauly construisit ce qu'il appelait un poisson volant, avec lequel on m'a dit qu'il obtint des résultats assez heureux et qui faisaient du moins prévoir la possibilité de louvoyer dans les airs : je ne parle pas de ce prétendu mécanicien qui se fit hisser au haut d'un mât pour retomber de tout son poids ; les tentatives d'un tel homme n'offrent rien de décourageant pour ceux qui ont quelques connaissances réelles.

Au surplus, de ce que des mécaniciens n'ont pas encore réussi complettement dans la construction d'ailes propres à les soutenir dans les airs, on ne doit pas conclure que cela est physiquement impossible; lorsqu'un projet ne répugne pas, absolument à la raison et aux lois bien connues de la physique, il faut se rappeler ces beaux vers :

« Croire tout découvert est une erreur profonde;
« C'est prendre l'horizon pour les bornes du monde. »

La belle et audacieuse expérience des parachutes prouverait seule qu'on peut se soutenir dans les airs par des moyens à peu près semblables à ceux des écureuils volants, des dragons, etc.; mais j'avoue que ces moyens, qui doivent consister dans une ingénieuse combinaison de leviers, me paraissent offrir les plus grandes difficultés, et qu'un homme de génie pourra seul les trouver. Cependant, aujourd'hui qu'on peut s'aider du gaz hydrogène, comme le fait M. Degen, *la possibilité de se diriger* m'est démontrée.

M. Degen a-t-il trouvé les moyens mécaniques dont la combinaison peut faire mouvoir des ailes propres à le diriger dans l'espace? c'est ce que nous saurons bientôt, car je déclare qu'au moment où j'écris cette note, je n'ai encore vu ni M. Degen, ni son appareil mécanique; mais je déclare aussi que quand son expérience n'aurait pas tout le succès que sa réputation semble promettre, cela ne devrait point ralentir le zèle de ceux qui voudraient tenter une semblable entreprise.

J'ajouterai que d'après ce qu'on m'a dit des moyens ingénieux employés par M. Degen, je crois qu'il est

possible de perfectionner ce qu'il a fait, et je suis persuadé que tous les physiciens seront de mon avis.

Mais, volera-t-il, ne volera-t-il pas? diront encore les
incrédules. Je pourrais répondre comme ces bonnes gens :
je vous dirai cela ce soir; mais je réponds franchement :
je crois qu'il volera; mais, je le répète, s'il ne vole pas
il ne m'en sera pas moins démontré qu'il est possible
de se diriger dans les airs.

Après ce premier article, le public eut quelques
renseignements plus précis dans une notice spécialement consacrée au mécanisme de l'inventeur.

EXTRAIT DU *Journal de Paris* DU MERCREDI 10 JUIN 1812.

A côté de la grande affiche de Tivoli, on en avait
placé hier une seconde que les curieux lisaient avec
beaucoup d'attention, et qui contient quelques rensei-
gnemens sur les moyens employés par M. Degen, et sur
le degré de gloire auquel il aspire comme mécanicien.
Nous allons transcrire textuellement cette affiche :

« C'est après avoir fait une étude profonde et réfléchie
du mécanisme naturel du vol des oiseaux, que M. Degen a imaginé ce qu'il appelle sa machine à voler.

« Son travail est absolument calqué sur celui de la
nature, et ses ailes ont la même forme et la même légèreté, proportion gardée, que celles des oiseaux. Il leur
imprime le même mouvement et en obtient le même
résultat, enfin il se dirige dans tous les sens, monte et
descend à volonté et plane dans les airs avec une facilité
et une vitesse telles qu'il peut faire 14 lieues en une
heure, lorsqu'il n'est pas trop contrarié par le vent; car
alors son travail devient plus pénible et il est obligé de
louvoyer. Tous ces mouvemens s'exécutent sans aucune
espèce de danger pour lui ni pour son appareil. Il arrive à terre aussi lentement qu'il le désire et repart de

nouveau pour reprendre une nouvelle direction; il vole
ou s'arrête à volonté.

« Ses ailes, car on peut leur donner ce nom, ont
22 pieds d'envergure et 8 pieds et demi dans leur plus
grande largeur. Chaque mouvement qu'il leur imprime
déplace 130 pieds carrés d'air atmosphérique, et à
chacun des battemens il pourrait enlever un poids de
160 livres, tandis que la force ascensionnelle du ballon
dont il se sert n'est que de 90 livres environ : ce qui
donne en faveur de ses ailes quand elles sont en mouvement une différence de 70 livres. Ce mécanicien observe que ce ballon ne lui est d'aucune utilité pour sa
direction, mais il est obligé de l'employer comme contrepoids, pour le maintenir en équilibre et le soulager
en même tems dans sa manœuvre; du reste, il en est
parfaitement le maître, et le force à suivre tous ses
mouvemens.

« M. Degen, laisse aux Français l'honneur de la découverte sublime des ballons; mais il réclame pour lui
celle de la direction à volonté, que personne n'a encore
pu trouver jusqu'à présent.

« En conséquence, il prie le public qui voudra bien
l'honorer de sa présence, de ne considérer son expérience que sous le seul rapport de la direction, le ballon n'étant qu'un faible accessoire qui n'entre pour
rien dans la composition ni dans le mécanisme de la
machine dont il est l'inventeur. »

A ces détails, nous ajouterons que chacune de ses
ailes déployée, et vue en dessus ou en dessous, a la
forme de certaines feuilles d'arbres très connus, tels
que le peuplier et le tremble.

Ces ailes sont formées de parties séparées destinées
à imiter les plumes des oiseaux; ce sont des bandes de
taffetas montées sur des baguettes de rotang ou jonc,
une foule de cordages bien déliés les font mouvoir au
moyen de pièces principales.

Ces ailes sont fixées à une espèce de collier qui fait

partie de l'ensemble de la machine; ainsi, elles sont situées un peu au-dessus de ses épaules. Les traverses auxquelles aboutissent tous les cordages sont placées en avant et en arrière du mécanicien, à la hauteur des hanches ou environ : c'est sur ces traverses qu'il pose de chaque côté une de ses mains pour imprimer le mouvement aux ailes. Les pieds du mécanicien sont posés sur une traverse inférieure; et comme tout cet appareil est suspendu au ballon, M. Degen est dans une situation verticale; situation que la nature semble prescrire à l'homme, tandis que les animaux qui ont des ailes, des membranes, ou des peaux pour s'élever dans les airs, se tiennent dans une situation horizontale. On dit que tout cet appareil mécanique, en apparence compliqué mais en effet fort simple, ne pèse par vingt livres.

Le ballon qui sert à favoriser l'ascension a un diamètre à peu près égal à l'envergure des ailes.

Nous rendrons compte demain du résultat de cette expérience.

On va voir que la première expérience de Degen n'eut qu'un bien piètre succès.

Extrait du *Journal de Paris* du vendredy 12 juin 1812.

Nos lecteurs auront facilement corrigé deux mots dans l'article inséré hier dans le feuilleton sur M. Degen, en substituant avant-hier à hier dans le second et le troisième paragraphe et commençant le quatrième par le mot hier; en effet, tout le monde sait que c'est mardi qu'on a affiché, ainsi que nous l'avons dit, la remise de l'expérience au lendemain.

C'est à huit heures un quart, mercredi, que M. Degen est parti de Tivoli. Hier, à quatre heures de l'aprèsmidi, nous avons appris qu'il était arrivé sans accident

après s'être accroché, en rasant la terre, au mur du
parc de Sceaux, côté du sud, près la route de Versailles à
Choisy, et était descendu à Chatenay, où il a été accueilli par Mme Pinon et M. Grivois, propriétaires.

On dit que pendant l'expérience de M. Degen, deux
auteurs du Théâtre des Variétés faisaient le plan d'une
pièce intitulée *Vol-au-vent*, destinée à ce théâtre. On ajoute
que le Vaudeville compte aussi célébrer le départ de
M. Degen.

L'inventeur ne perdit pas confiance, et la presse
continua à lui prêter son concours, pour lui permettre de reprendre sa revanche.

EXTRAIT DU *Journal de Paris* DU MARDI 16 JUIN 1812.

VARIÉTÉS

Donnons-lui sa revanche

Nos pères ont bien mal fait de mourir si vite. Pourquoi se sont-ils tant pressés? que de belles choses ils
auraient vues, s'ils avaient voulu se donner la peine
d'attendre un instant! Pauvres gens! je les plains, ils
marchaient : nous volons aujourd'hui. Cette découverte
aurait dû être faite par un Français; nous sommes si
légers! mais la gloire en était réservée aux Allemands.
C'est grâce à M. Degen qu'il est reconnu que l'homme
est un volatile. L'illustre inventeur, fort de sa conscience
et de ses ailes de 22 pieds d'envergure, s'est élevé majestueusement dans les airs, où je crois qu'il serait
encore, s'il ne s'était souvenu qu'il avait un petit compte
à régler avec le caissier de Tivoli. Cependant, il faut
bien en convenir, M. Degen n'a pas tenu ce qu'il nous
avait promis; il devait, si j'ai bien lu son affiche, se
diriger contre le vent; et de fort honnêtes gens préten-

dent que c'est le vent qui a dirigé M. Degen; en vérité,
ce vent du nord est trop honnête; il a cru, sans doute,
rendre un service au mécanicien de Vienne en le secon-
dant de son mieux : ce n'était point là ce qu'on lui
demandait. De son côté, M. Degen, en homme qui sait
vivre, n'a point voulu contrarier un hôte aussi obligeant,
et il a consenti pour cette fois seulement à faire toutes
ses volontés; mais il ne faut pas que le vent du nord s'y
habitue, sinon M. Degen partira par un vent du midi,
et au lieu d'aller de Tivoli à Chatenay, il pourrait bien
venir de Chatenay à Tivoli, ce qui changerait sa direction.

Quoi qu'il en soit, et malgré toutes les plaisanteries
qu'on a pu faire sur le vol à tire-d'ailes, il serait souve-
rainement injuste de juger le mérite d'une invention
d'après une seule expérience; M. Degen a perdu la partie,
donnons-lui sa revanche. Tant de gens marchent ici-bas
en tâtonnant qu'il est bien permis de tâtonner dans les
airs. Les premiers essais, d'ailleurs, sont toujours très
faibles, et je tiens d'un savant très distingué que le premier vaisseau qui fut lancé n'était point un vaisseau de
74. L'important dans les découvertes est de faire un pas,
le temps se charge du reste.

L'eussiez-vous jamais deviné? certes, celui qui trouva
la gravitation n'était pas un sot, au moins je le présume.
Mais que doit-on penser du savant mécanicien dont le
génie fait de l'homme un oiseau, et nous apprend à planer dans les airs contre vent et marée? Depuis cette ad-
mirable découverte, il ne faut plus regarder les pieds
que d'un air de dédain, et comme une de ces super-
fluités dont on sait bien se passer au besoin, car lorsqu'on peut voler ce n'est que par complaisance que l'on
consent à marcher. Mais voyez donc toutes ces personnes
qui s'offrent à votre rencontre : ne leur trouvez-vous
pas une démarche plus légère, plus vive et plus animée?
ne diriez-vous pas qu'elles sont prêtes à s'envoler? elles
effleurent à peine la terre qui n'est plus leur seul élé-

ment; il y a dans leur allure, dans leurs mouvemens, quelque chose d'aërien : n'en soyez pas surpris;

« Même quand l'oiseau marche, on sent qu'il a des ailes. »

Chacun va s'empresser de profiter de cette heureuse invention.

Pour en venir à M. Degen, je crois très fermement qu'il fera à Paris tout ce qu'il a fait à Vienne, mais je l'invite à bien prendre ses mesures. Nous avons ici des gens bien prudens, bien avisés, qui regardent toujours d'où le vent souffle.

Le deuxième essai de l'infortuné Degen ne fut pas plus heureux que le premier.

EXTRAIT DU *Journal de Paris* 8 JUILLET 1812.

La deuxième expérience aérostatique de M. Degen a eu lieu hier soir, par un très beau temps, devant une grande affluence de curieux; elle n'a pas été moins contrariée que la première; les personnes qui avaient été chargées de remplir le ballon avaient mal préparé et employé le gaz, il en est résulté que le ballon s'est chargé dans son intérieur de beaucoup d'eau, et qu'il n'a pu s'élever d'abord qu'à 15 pieds de terre. Bientôt il s'est dégagé d'une grande partie de son lest, et il s'est élevé majestueusement dans les airs. Au mouvement de ses ailes on eût dit un oiseau colossal; son ballon, dominé par le vent, a suivi la direction du nordest; pendant quelques instants il a résisté au courant qui l'entraînait, et il a paru stationnaire, mais il a disparu. Ces différentes circonstances peuvent faire croire qu'avec un ballon mieux préparé, il obtiendra plus de succès.

Les extraits suivants, qui donnent le funeste dénouement de la troisième expérience de Degen, ter-

mineront l'histoire de ce malheureux homme volant.

EXTRAIT DU *Journal de Paris* DU 4 OCTOBRE 1812.

La troisième expérience de M. Degen aura lieu au
champ de Mars demain 5 octobre, à 3 heures après-midi,
si le tems le permet, sinon, le premier beau jour suivant.
Prix des places : premières 10 francs, deuxièmes 5 francs,
troisièmes 2 francs. On trouve tous les jours des billets
chez M. Degen, Avenue du Champ de Mars, numéro 10;
chez M. Cardinaux, horloger, boulevard Poissonnière,
numéro 18; chez M. Auger, parfumeur, rue de la Micho-
dière, numéro 12; et au café de la Rotonde (Palais-Royal).
Les billets de 2 francs on les aura dans ces 4 endroits à
1 fr. 50, pour la facilité du public et pour prévenir la
foule à la caisse; mais on les payera 2 francs dans les
bureaux qui seront établis à l'entrée du champ de Mars.

EXTRAIT DU *Journal de Paris* DU 6 OCTOBRE 1812.

M. Degen, qui a été accueilli en France avec indul-
gence, a prouvé hier qu'il n'était qu'un misérable char-
latan qui ne cherchait qu'à tromper le public; ne pouvant
remplir ses promesses, il a été exposé à l'indignation
des spectateurs, et l'intervention de la police a été nécessaire pour prévenir les désordres auxquels il avait
donné lieu. La recette a été saisie et envoyée au bureau
de bienfaisance, de sorte que M. Degen n'a volé en aucune manière.

On voit que ce dernier article était d'une sévérité
extrême. Le malheureux Degen, lors de sa troisième expérience au champ de Mars, fut roué de
coups par la foule, et il fut ensuite bafoué, cari-
caturé et chansonné. L'acteur Brunet le représenta

avec grand succès sous le nom de *Vol-au-Vent*, dans une pièce comique du théâtre des Variétés, intitulée : *Le Pâtissier d'Asnières*.

Il paraîtrait cependant, d'après Dupuis Delcourt, que Degen était un honnête homme, plein de sincérité et de bonne foi. Il aurait fait à Vienne quelques expériences d'étude, à l'aide de son système d'ailes artificielles équilibré par une corde soutenue par des contrepoids.

Voici l'appréciation que nous trouvons sur Degen dans les notes inédites de Dupuis Delcourt :

En examinant à distance les travaux de Jacob Degen, on en vient à lui rendre plus de justice. M. Degen, dans les ascensions publiques qu'il a faites à Paris, non plus que dans celles qu'il avait exécutées précédemment (1809,1810) à Vienne et à Luxembourg, n'avait point exécuté le *vol à tire-d'ailes* qu'il avait annoncé; son expérience n'était pas complète ; mais il y serait parvenu, je n'en doute pas, s'il avait été convenablement encouragé et soutenu. Sa machine, très ingénieuse, était imparfaite encore sans doute; n'en est-il pas ainsi de tous les travaux humains ? Rien ne vient à sa perfection du premier jet. Minerve, dit la Fable, sortit un jour tout armée du cerveau de Jupiter. Mais Jupiter était un dieu, et nous ne sommes que des hommes.

M. Degen était un habile horloger, fort expert en mécanique[1].

La force d'un homme est assurément impuissante à faire fonctionner des ailes capables de

---

1. Collection Tissandier. Manuscrits.

l'enlever dans l'atmosphère. Nombre de physiciens ont essayé de recourir à la mécanique pour lui emprunter une force motrice suffisante.

Lors de l'exposition aéronautique qui eut lieu à Londres en 1860, on a beaucoup parlé d'une grande machine volante à vapeur imaginée par M. Kauf-

Fig. 17. — Machine volante de Kaufmann (1860).

mann. Cette machine que nous représentons ci-dessus (fig. 17) était destinée à pouvoir se mouvoir sur terre au moyen de roues, sur l'eau en flottant comme un bateau, et dans l'air à l'aide de grandes ailes qu'un mécanisme puissant devait mettre en mouvement. Un modèle de petite dimension fut

construit par M. Kaufmann ; l'appareil fonctionna
sur terre et sur l'eau, mais il se trouva absolument
incapable de s'élever dans l'air au moyen de ses
ailes.

Le poids de l'appareil de M. Kaufmann était de
3175 kilogrammes sous un volume de 7 mètres
cubes. Il devait avoir pour moteur une machine à

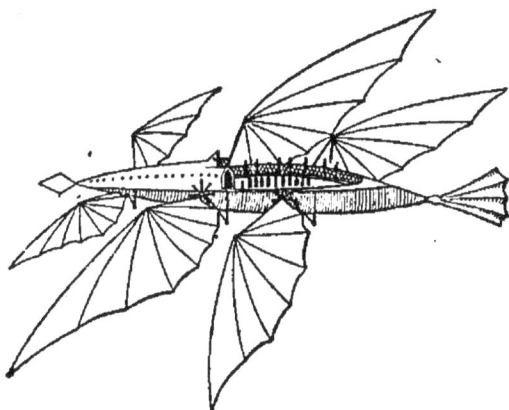

Fig. 18. — Appareil volant d'Edison.

vapeur de 50 chevaux. Il ne fut jamais construit
en grand et n'aurait assurément pas fonctionné.

Dans ces derniers temps, les journaux américains
ont prétendu que leur célèbre inventeur Edison
s'était préoccupé de construire une machine volante
de grande dimension. Quelques-uns d'entre eux
ont même donné l'aspect de la machine que le
physicien aurait imaginée. Nous reproduisons ce
dessin à titre de curiosité (fig. 18), non sans ajouter
qu'il s'agit probablement d'une fantaisie, due à
quelque *reporter* à court de nouvelles.

Ce qu'il a été jusqu'ici impossible de réaliser en

grand, quelques habiles constructeurs ont pu le
faire en petit, sous forme d'appareils très légers et
fonctionnant pendant un temps très court.

En 1857, Le Bris construisit un petit oiseau
artificiel dont nous donnons l'aspect (fig. 19), et
qui, paraît-il, permit de réaliser quelques essais
intéressants.

L'auteur produisait l'abaissement des ailes au
moyen de leviers articulés, que des ressorts rele

Fig. 19. — Oiseau artificiel de Le Bris (1857).

vaient avec une grande énergie ; mais le système en définitive ne quittait pas le sol pour s'élever dans l'air.

Nous avons vu que dès 1870, M. Marey a pu
faire faire un premier pas très remarquable au
problème du vol artificiel en faisant fonctionner
des insectes artificiels attelés à un petit manège ;
il restait encore, après ces essais, à gagner les
deux tiers restants du poids en perfectionnant
l'action de l'aile, et à faire emporter aux appareils
leur moteur au lieu de les mettre en mouvement

par une force extérieure. C'est ce que réalisa Alphonse Pénaud vers la fin de l'année 1871, en employant le caoutchouc tordu, comme moteur de petits oiseaux artificiels. Nous reproduisons ici une partie d'un remarquable mémoire de M. Pénaud, travail considérable qui a été couronné par l'Académie des sciences :

Au milieu des théories diverses de l'aile que donnaient Borelli, Huber, Dubochet, Strauss-Durckeim, Liais, Pettigrew, Marey, d'Esterno, de Lucy, Artingstall, etc., et des mouvements si compliqués qu'ils assignaient à cet organe et à chacune de ses plumes, mouvements dont la plupart étaient inimitables pour un appareil mécanique, nous nous décidâmes à chercher nous-même par le raisonnement seul, appuyé sur les lois de la résistance de l'air et quelques faits d'observation la plus simple, quels étaient les *mouvements rigoureusement nécessaires de l'aile*. Nous trouvâmes : 1° une *oscillation double*, abaissement et relèvement, transversale à la trajectoire suivie par le volateur ; 2° le *changement de plan de la rame* pendant ce double mouvement ; la face inférieure de l'aile regardant en bas et en arrière pendant l'abaissement, de façon à soutenir et à populser ; cette même face regardant en bas et en avant pendant le relèvement, de façon que l'aile puisse se relever sans éprouver de résistance sensible et en coupant l'air par sa tranche, tandis que l'oiseau se meut dans les airs. Ces mouvements étaient d'ailleurs admis par un grand nombre d'observateurs, et fort nettement exposés, en particulier, par Strauss-Durckeim et MM. Liais et Marey.

Mais, en considérant la difficulté de la construction de notre oiseau mécanique, nous dûmes, malgré notre désir de faire un appareil simple et facile à comprendre, chercher à perfectionner ce jeu un peu sommaire. Il est évident d'abord que les différentes parties de l'aile, depuis sa racine jusqu'à son extrémité, sont loin d'agir sur l'air dans les mêmes conditions. La partie interne de l'aile, dénuée de vitesse propre, ne saurait produire aucun effet populsif à aucune période du battement, mais elle est loin d'être inutile, et l'on comprend que pendant la rapide translation de l'oiseau dans l'espace elle peut, en présentant sa face inférieure en bas et un peu en avant, faire cerf-volant pendant le relèvement comme pendant l'abaissement, et soutenir ainsi d'une façon continue une partie du poids de l'oiseau. La partie moyenne de l'aile a un jeu intermédiaire entre celui de la partie interne de l'aile et celui de la partie externe ou rame. De la sorte, l'aile, pendant son action, est tordue sur elle-même d'une façon continue depuis sa racine jusqu'à son extrémité. Le plan de l'aile à sa racine varie peu pendant la durée des battements; le plan de l'aile médiane se déplace sensiblement, de part et d'autre de sa position moyenne; enfin la rame, et surtout sa portion extrême, éprouvent des changements de plans notables. Ces gauchissements de l'aile se modifient à chaque instant du relèvement et de l'abaissement, dans le sens que nous avons indiqué; aux extrémités de ses oscillations l'aile est à peu près plane. Le jeu de l'aile se trouve ainsi intermédiaire entre celui d'un plan incliné et celui d'une branche d'hélice à pas très long et incessamment variable.

Malgré les différences de leurs théories entre elles et avec celle-ci, divers auteurs nous donnaient, tantôt l'un, tantôt l'autre, des confirmations de la plupart de ces idées. Ainsi la torsion de l'aile avait été déjà très bien signalée par Dubochet et M. Pettigrew, qui a longuement insisté à son égard; il a seulement pris, selon nous, le galbe du relèvement pour celui de l'abaissement, et *vice versa*. Ces auteurs ont bien vu comment les articulations osseuses, les ligaments de l'aile, l'imbrication et l'élasticité des pennes concouraient à cet effet. M. d'Esterno avait expliqué l'effet continu de cerf-volant de la partie interne de l'aile pendant son abaissement et son relèvement, et M. Marey avait donné à cette partie de l'aile l'épithète heureuse de « passive », tout en accordant un rôle prépondérant, dans le vol, à un changement de plan général de l'aile, dû à la rotation de l'humérus sur lui-même.

Selon nous, il y a une distinction complète à établir entre le vol sur place et le vol avançant ordinaire, et l'amplitude des changements de plans de la rame est essentiellement fonction de la vitesse de translation du volateur. A l'extrémité de l'aile, où se produisent les changements de plans les plus considérables, ils atteignent 90 degrés et plus dans le vol sur place, mais ils sont bien moindres dans le vol avançant. D'après nos calculs, les portions extrêmes de la surface de la rame du corbeau ne sont, en plein vol, inclinées vers l'avant pendant l'abaissement que de 7 à 11 degrés au-dessous de l'horizon, et de 15 à 20 degrés au-dessus pendant le relèvement. Le plan de l'aile à sa racine fait d'ailleurs, pendant ce temps, cerf-volant sous un angle de 2 à 4 degrés seulement.

Il est facile de vérifier la petitesse des inclinaisons de l'aile et, par suite, de ses angles d'attaque sur l'air, en regardant voler un oiseau qui se meut sur un rayon visuel horizontal. On ne voit, en effet, alors, à peu près que la tranche de ses ailes. Il est, en somme, inexact de dire que l'aile change de *plan;* à peine pourrait-on dire qu'elle change de *plans.* La vérité est qu'elle passe d'une façon continue par une série de gauchissements gradués et d'une intensité généralement assez faible. C'est du reste ainsi que l'avait compris un auteur anglais, dont nous avons retrouvé les travaux depuis la construction de notre oiseau, et dont la connaissance nous eût évité plusieurs recherches. La théorie de sir G. Cayley, publiée en 1810, ne diffère de la nôtre que par un petit nombre de points; il pensait que la rame remontante a toujours une action populsive, et il attribuait aux parties populsives et cerf-volant de l'aile des proportions relatives inverses de celles que nous avons été conduit par le calcul à leur attribuer.

C'est avec ces idées, qui ont été jugées favorablement par l'Académie au dernier concours de mathématiques, que nous entreprimes, en septembre 1871, l'application du caoutchouc tordu au problème de l'oiseau mécanique. Les ailes de notre oiseau battent dans un même plan par l'intermédiaire de bielles et d'une manivelle. Après

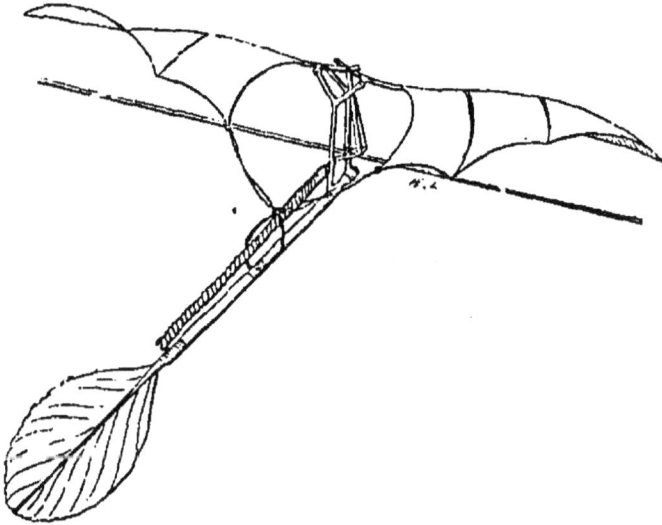

Fig. 20. — Oiseau artificiel d'Alphonse Pénaud (1871).

quelques essais grossiers, nous reconnûmes la nécessité d'avoir, pour cette transformation de mouvement, un mécanisme très solide relativement à son poids, et je m'adressai à un habile mécanicien, M. Jobert, pour la construction d'un mécanisme d'acier, que mon frère, M. E. Pénaud, avait imaginé.

Nous représentons ci-dessus (fig. 20) l'appareil qu'Alphonse Pénaud est arrivé à construire. Le caoutchouc moteur est placé au-dessus de la tige rigide qui sert de colonne vertébrale à l'appareil. Le mécanisme des battements des ailes est disposé au-dessus d'un volant régulateur. A la partie posté-rieure est une queue régulatrice formée par une longue plume de paon, que l'on peut incliner vers le haut, le bas ou par le côté, et que l'on peut aussi charger de cire, de façon à amener le centre de gravité de tout l'appareil au point convenable.

Les gauchissements des ailes sont obtenus par la mobilité du voile de l'aile et de petits doigts qui le supportent autour d'une grande nervure. Un petit tenseur en caoutchouc part de l'angle intéro-posté-rieur de la surface de l'aile, et vient s'attacher d'autre part vers le milieu de la tige centrale de l'appareil.

Cet appareil fut présenté le 20 juin 1872 à la Société de navigation aérienne. Quand le caoutchouc était bien tendu, on abandonnait le système à lui-même, les ailes battaient, et l'oiseau artificiel franchissait la salle des séances, de 7 mètres de longueur, en s'élevant d'une façon continue par un vol accéléré, suivant une rampe de 15 à 20 degrés. En espace libre, l'oiseau artificiel d'Alphonse Pénaud parcourait 12 à 15 mètres et parvenait à 2 mètres environ au point le plus haut de sa course.

MM. le docteur Hureau de Villeneuve, Jobert, Gauchot, Crocé-Spinelli, et d'autres expérimentateurs exécutèrent des petits appareils du même genre. Un peu plus tard la question fut reprise avec une grande ardeur par M. Victor Tatin, qui ne construisit pas seulement de petits oiseaux à ressorts de caout-

chouc, mais qui entreprit de faire fonctionner un
oiseau artificiel de plus grande dimension, actionné
par un moteur à air comprimé.

En 1874, cet habile et ingénieux mécanicien commença ses études expérimentales sur le vol artificiel
dans le laboratoire de M. Marey, et il parvint, en
1876, à réussir dans des conditions particulièrement
intéressantes, ses premiers essais réalisés en petit.

Les efforts de M. Tatin ont sans cesse tendu à la
reproduction du vol de l'oiseau sur des schémas
plus ou moins compli-
qués; il a recherché,
sur de petits appareils
mis en mouvement par
un ressort de caout-
chouc, quelles étaient les
meilleures formes d'ai-
les, afin de les adapter
à un grand appareil
fonctionnant par l'air
comprimé. Après plu-

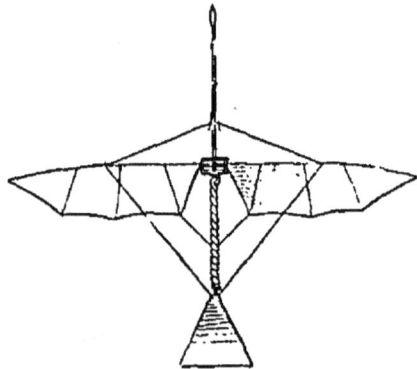

Fig. 21. — Oiseau mécanique
de M. Victor Tatin (1876).

sieurs essais, il s'est arrêté à l'emploi d'ailes longues et étroites. Wenham avait montré qu'une aile
peut avoir une aussi bonne fonction quand elle
est étroite que lorsqu'elle est large, et M. Marey
avait signalé ce fait, que « les oiseaux dont l'amplitude des battements est faible, ont toujours l'aile
très longue ». Avec ces ailes étroites et longues
(fig. 21), M. Tatin a rendu aussi court que possible
le temps pendant lequel le voile prend la position
convenable pour agir sur l'air pendant l'abaissée.

Étant donné ce fait depuis longtemps établi, qu'un oiseau vole plus facilement s'il peut appuyer son aile sur une grande masse d'air en peu de temps, on comprend que la vitesse de translation maxima sera l'allure la plus avantageuse au point de vue de la réduction de la dépense de force. L'auteur ne pouvant empêcher que ses oiseaux mécaniques dépensent précisément des forces considérables pour obtenir la vitesse utile, a remédié à cet inconvénient *en portant en avant le centre de gravité*. Dès lors l'oiseau en plein vol conserve le même équilibre que l'oiseau qui plane, et sa vitesse est en quelque sorte passive, de nouvelles couches d'air inertes venant se placer comme d'elles-mêmes sous ses ailes : toute la dépense de force peut alors être utilisée pour la suspension. C'est ainsi que M. Tatin a pu augmenter le poids de ses appareils sans en augmenter la force motrice, et obtenir un parcours double.

Le mouvement que fait l'aile autour d'un axe longitudinal, et qui lui permet de présenter toujours la face inférieure en avant pendant la relevée, a été obtenu par un organe de l'appareil schématique.

Cet appareil, vu latéralement et par derrière, se compose d'un bâti en bois léger, à l'avant duquel sont implantés deux petits supports traversés par un arbre coudé et contre-coudé, de façon à former deux manivelles en vilebrequin, à 90 degrés l'une de l'autre. Cet arbre reçoit un mouvement circulaire d'un ressort de caoutchouc (fig. 22). La manivelle placée sur le plan le plus avancé produit l'élévation et l'abaissée des ailes, qui sont mobiles autour d'un axe commun. Ce même axe est fortement incliné en bas et en arrière par la seconde manivelle, lorsque la première passe au point mort et que les ailes sont au bas de leur course.

Mais l'aile ne doit pas seulement changer de place dans son ensemble ; chaque point de l'aile doit avoir, surtout pendant la relevée, une inclinaison d'autant plus marquée qu'il est plus voisin de l'extrémité ; la partie voisine du corps doit seule conserver sensiblement la même obliquité. M. Tatin a pensé que c'était par le carpe qu'il fallait commander le mouvement de torsion venant s'éteindre graduellement près du corps, et pour obtenir avec toutes ses transitions, il avait substi-

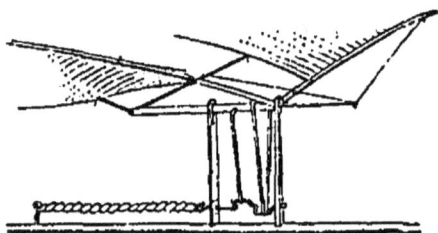

Fig. 22. — Appareil de M. Victor Tatin pour l'étude du mouvement des ailes.

tué aux ailes de soie qui se plissent, des ailes entièrement construites en plumes très fortes, disposées de telle façon qu'elles arrivassent à glisser un peu l'une sur l'autre pendant les mouvements de torsion : la fonction de cette nouvelle voilure était parfaite ; mais, adaptée au grand oiseau, ces ailes ne donnèrent que des résultats médiocres. L'auteur a donc dû revenir aux ailes de soie, qu'il semble avoir définitivement adoptées.

Grâce à certaines modifications qu'il a fait subir à son grand appareil (léger changement de forme des ailes, variation de l'amplitude des battements, renouvellement de quelques organes de la machine), M. Tatin a pu réaliser un grand progrès : l'oiseau à air comprimé, qui, attelé à un manège, ne soulevait d'abord que les trois quarts de son poids, est arrivé à soulever son poids entier. Malheureusement ce résultat n'a pu être dépassé[1].

Nous donnerons en terminant quelques-unes des conclusions présentées par M. Tatin dans son mémoire :

Pour que l'oiseau puisse se soulever par ses coups d'aile, il faut théoriquement, d'après M. Marey, que le moment de la force motrice soit un peu supérieur à celui de la résistance de l'air, ce dernier ayant pour valeur, sous chaque aile, la moitié du poids de l'oiseau multipliée par la distance qui sépare le centre de pression de l'air sur l'aile du centre de l'articulation scapulo-humérale. Mes expériences montrent que, pour les appareils mécaniques, il faut un plus grand excès de la force motrice sur la résistance de l'air. Peut-être cet écart entre la force théorique et la force pratiquement nécessaire existe-t-il également chez l'oiseau, dont on n'a pu encore mesurer la dépense de travail pendant le vol.

J'ai essayé de donner la mesure expérimentale du travail dépensé par une machine qui vole. J'insiste pour rappeler que de pareilles mesures ne représentent pas le minimum de force nécessaire, mais la dépense actuellement faite par nos appareils[2].

---

1. Voy. notice de M. le docteur François Franck, publiée dans *la Nature*. 1877, premier semestre, p. 148.

2. *Comptes rendus des travaux du laboratoire du professeur Marey*, 1 vol. in-8°. G. Masson, 1876.

On ne saurait croire combien d'efforts ont été
tentés, souvent de la part des hommes les plus distingués, pour réaliser une machine volante. En
1845, un mécanicien nommé Duchesnay, avait exposé dans l'intérieur de la grande salle de l'ancien
cloître de Saint-Jean de Latran, à Paris, un grand
oiseau mécanique dont les ailes recouvertes de
plumes avaient plus de dix mètres d'envergure.
Dupuis Delcourt a vu cette machine, mais il ne l'a
pas vue fonctionner.

Marc Seguin, vers 1849, étudia l'aviation avec

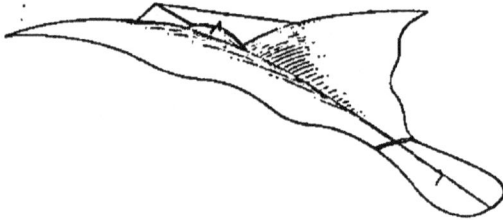

Fig. 23. — Oiseau mécanique de Brearey (1879).

beaucoup de persévérance. Il parvint à se soulever
du sol au moyen d'ailes battantes qui se trouvaient
fixées sur un châssis[1]. Mais ce résultat n'offre pas
une grande importance s'il n'est obtenu que pendant un temps très court; l'homme en sautant,
quitte également le sol par le seul effort de ses
jarrets.

Depuis les expériences plus heureuses des Pénaud
et des Tatin, on essaya souvent encore de construire des appareils de vol mécanique à battements

1. *Mémoire sur l'aviation*, par M. Séguin aîné. 1 broch. in-8.
Extrait du *Cosmos*, Paris. A. Tremblay, 1866.

d'aile. En 1879, M. Brearey, en Angleterre, étudia
un système de ce genre, que nous représentons
(fig. 25). Il s'agissait d'un oiseau à ailes flexibles
mues par la vapeur. L'appareil devait être monté
sur roues, et le centre de gravité était variable
pour l'ascension ou la descente. Ce projet ne fut
pas réalisé. M. le docteur Hureau de Villeneuve et
M. Clément Ader, l'ingénieux inventeur électricien,
ont également tenté de construire de grands oiseaux
artificiels. Ces deux aviateurs ont fait chacun iso-
lément les plus louables efforts pour arriver aux
résultats qu'ils croyaient pouvoir atteindre.

Ces tentatives ont échoué; on n'a jamais obtenu
jusqu'ici aucun résultat dans le vol artificiel, dès
que l'on a abandonné les minuscules appareils à
ressort de caoutchouc.

III

LES HÉLICOPTÈRES

Premier hélicoptère de Launoy et de Bienvenu en 1784. — Appareil de Sir George Cayley en 1796. — Le spiralifère et le strophéor. — Nadar et le manifeste de l'aviation. — MM. de Ponton d'Amécourt et de La Landelle. — Babinet. — Hélicoptères Pénaud, Dandrieux. — Tentative de M. Forlanini.

L'école du vol aérien peut être divisée en deux systèmes différents. On peut essayer de s'élever de l'air par le battement d'ailes artificielles; c'est ce mode d'action que nous venons d'étudier; on peut encore tenter de s'insinuer en avant, à l'aide d'un *plan incliné* agissant sur l'air et poussé par un moteur. Le plan incliné peut avancer horizontalement; il constitue alors l'aéroplane que nous examinerons dans la suite; il peut encore tourner en forme d'hélice, il constitue dans ce cas l'hélicoptère qui fait l'objet de ce chapitre.

Nous avons vu, dans la première partie de cet ouvrage, que Léonard de Vinci et Paucton, à des époques différentes, avaient eu l'idée des hélicoptères.

La plus ancienne des petites machines de ce genre

qui ait fonctionné, est celle de MM. Launoy et
Bienvenu; elle a été présentée à l'Académie des
sciences en 1784, et on l'a vue fonctionner longtemps au Palais-Royal. Les ailes de l'hélice avaient,
d'après Dupuis Delcourt, 0m,30 d'envergure. La
rapidité du mouvement déterminait l'ascension
du système. L'exécution de cette petite machine
(fig. 24), dont le moteur consistait en un fort
ressort, était due à ses deux auteurs. Launoy, naturaliste, avait fourni les idées rela-
tives au vol des oiseaux, Bienvenu,
mécanicien, avait agencé et confectionné la machine.

Nous reproduisons ici une curieuse lettre que les inventeurs ont
publiée dans le *Journal de Paris* à
la date du 19 avril 1784. Cette
lettre est accompagnée d'une note
du rédacteur, qui a vu fonctionner
le petit appareil.

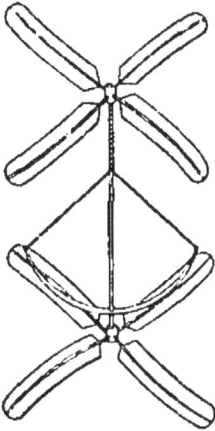

Fig. 24. — Hélico-
ptère de Launoy et
Bienvenu (1784).

Nous ignorons quels sont les moyens
dont M. Blanchard prétendait se servir pour s'élever en
l'air sans le secours d'un aérostat, ni ceux qu'il a adoptés
pour sa direction; nous présumons qu'il a reconnu l'insuffisance des premiers, puisqu'il y a renoncé; à l'égard du
second, l'expérience n'ayant pu avoir lieu, on ne peut
savoir ce qu'il en aurait obtenu. Voulez-vous bien nous
permettre de prévenir le public, par la voie de votre
journal, que nous croyons être parvenus à pouvoir élever
en l'air et diriger dans l'atmosphère une machine par
les seuls moyens mécaniques sans le secours de la physique.

Notre machine en petit nous a parfaitement réussi. Cette tentative heureuse nous a déterminés à en exécuter une un peu plus grande qui puisse mettre le public à portée de juger de la réalité de nos moyens. Nous nous proposons d'après elle de faire l'expérience en grand et de monter nous-mêmes dans le vaisseau. Nous n'avons dans ce moment d'autre but que de prendre date, et nous attendons de votre goût pour les arts que vous ne nous refuserez pas cette faveur.

Nous avons l'honneur d'être, etc.

BIENVENU, machiniste-physicien,
Rue de Rohan, 18.

LAUNOY, naturaliste,
Rue Plâtrière, au bureau des eaux minérales.

Note des rédacteurs. — Avant de nous engager à insérer la lettre de MM. Bienvenu et Launoy, nous avons cru devoir nous assurer de l'essai en petit; nous ne pouvons dissimuler que nous avons été singulièrement frappés de la simplicité du moyen qu'ils ont adopté, et nous attestons que cet essai, dans son état d'imperfection, s'est échappé plusieurs fois de nos mains et a été frapper le plafond. Nous ignorons ce que deviendra ce moyen appliqué en grand. Les auteurs paraissent n'avoir aucun doute sur le succès. Avant de prévenir le public sur la machine qu'ils travaillent dans ce moment, nous en prendrons nous-mêmes connaissance, et ce ne sera qu'après des expériences répétées que nous en ferons mention.

L'appareil de Launoy et Bienvenu fonctionna dans la salle des séances de l'Académie des sciences, le 28 avril 1784; il fut l'objet d'un rapport d'une commission. Ce rapport existe aux Archives de l'Institut, écrit de la main de Legendre. Il est daté du 1er mai 1784 et signé par les quatre commissaires, Jeaurat, Cousin, général Meusnier et Legendre. Nous le reproduisons textuellement.

Nous, Commissaires nommés par l'Académie, avons examiné une machine destinée à s'élever dans l'air ou à s'y mouvoir suivant une direction quelconque, par un procédé mécanique et sans aucune impulsion initiale.

Cette machine, imaginée par MM. Launoy et Bienvenu, est une espèce d'arc que l'on bande en faisant faire à sa corde quelques révolutions autour de la flèche qui est en même temps l'axe de la machine. La partie supérieure de cet axe porte deux ailes inclinées en sens contraire, et qui se meuvent rapidement, lorsqu'après avoir bandé l'arc, on le retient vers son milieu. La partie inférieure de la machine est garnie de deux ailes semblables qui se meuvent en même temps que l'axe et qui tournent en sens contraire des ailes supérieures.

L'effet de cette machine est très simple. Lorsqu'après avoir bandé le ressort et mis l'axe dans la situation où l'on veut qu'il se meuve, dans la situation verticale, par exemple, on a abandonné la machine à elle-même, l'action du ressort fait tourner rapidement les deux ailes supérieures dans un sens, et les deux ailes inférieures en sens contraire; ces ailes étant disposées de manière que les percussions horizontales de l'air se détruisent et que les percussions verticales conspirent à élever la machine. Elle s'élève en effet et retombe ensuite par son propre poids.

Tel a été le succès du petit modèle du poids de trois onces, que MM. Launoy et Bienvenu ont soumis au jugement de l'Académie. Nous ne doutons pas qu'en mettant plus de précision dans l'exécution de cette machine, on ne parvienne facilement à en construire de plus grandes, et à les élever plus haut et plus longtemps; mais les limites en ce genre ne peuvent

être que très étroites. Quoi qu'il en soit, ce moyen
mécanique par lequel un corps semble s'élever de
soi-même nous a paru simple et ingénieux.

Les Anglais ont revendiqué en faveur d'un de
leurs compatriotes, sir George Cayley, l'invention
de l'hélicoptère. D'après M. J.-B. Pettigrew, George
Cayley aurait donné en 1796 une démonstration
pratique de l'efficacité de
l'hélice appliquée à l'air.

Son appareil était pres-
que identique à celui des
deux constructeurs fran-
çais que nous venons de
citer. Nous figurons ce
système d'après le dessin
qui en a été publié dans
le journal de Nicholson
pour 1809 (fig. 25). Sir
George Cayley a donné le
mode de construction de
cet hélicoptère, nous reproduisons ce passage curieux de son travail.

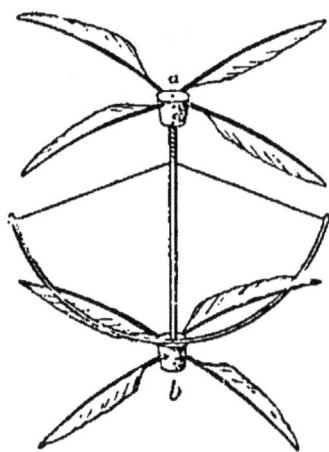

Fig. 25. — Hélicoptère de sir
Georges Cayley (1793).

Comme ce peut être un amusement pour quelques-
uns de nos lecteurs de voir une machine s'élever en
l'air par des moyens mécaniques, je vais terminer cette
communication en décrivant un instrument de cette
espèce que chacun peut construire en dix minutes
de travail : *a* et *b* sont deux bouchons dans chacun desquels on a planté quatre plumes d'ailes d'un oiseau, de
manière qu'elles soient légèrement inclinées comme
les ailes d'un moulin à vent, mais dans des directions

opposées pour chaque groupe. Un arbre arrondi est fixé
dans le bouchon *a* et se termine en pointe effilée. A la
partie supérieure du bouchon *b*, l'on fixe un arc de
baleine avec un petit trou au centre pour laisser passer
la pointe de l'arbre. On joint alors l'arc par des cordes
égales de chaque côté, à la partie supérieure de l'arbre,
et la petite machine est complète. On monte le ressort
en tournant les volants en sens contraire de manière
que le ressort de l'arc les déroule, leurs bords anté-
rieurs étant ascendants; on place alors sur une table le
bouchon auquel est attaché l'arc, et avec le doigt, on
presse suffisamment fort sur le bouchon supérieur pour
empêcher le ressort de se détendre; si on l'abandonne
subitement, cet instrument s'élèvera jusqu'au plafond.

En 1842, d'après M. Pettigrew, M. Philipps éleva
un modèle beaucoup plus volumineux au moyen de
palettes tournantes. L'appareil de M. Philipps était
fait entièrement de métal et pesait complet et chargé
2 livres. Il consistait en un bouilleur ou générateur
de vapeur et quatre palettes soutenues par huit
bras. Les palettes étaient inclinées sur l'horizon
de 20 degrés; à travers les bras s'échappait de la
vapeur d'après le principe découvert par Héron
d'Alexandrie. La sortie de la vapeur faisait tourner
les palettes avec une énergie considérable. Il paraît, si l'on en croit certains récits du temps, que
le modèle s'éleva à une très grande hauteur, et
traversa deux champs avant de toucher terre. La
force motrice employée était obtenue par la combustion d'un charbon mêlé de salpêtre. Les produits de la combustion se mêlant à l'eau de la

chaudière sortaient à haute pression de l'extrémité des huit bras[1].

Les expériences relatées précédemment des hélicoptères de Launoy-Bienvenu et de Cayley ont été continuées par les marchands de jouets. On sait que depuis de longues années, surtout vers 1855, on trouve dans les bazars, sous le nom de *spiralifères*, des petites hélices s'élevant dans l'air sous l'action de la rotation obtenue par une tige de bois qui tourne quand on déroule violemment une cordelette qu'on y a enroulée au préalable. Au spiralifère on vit se joindre le *strophéor*, qui avait été exécuté déjà précédemment. Le strophéor ne diffère de l'hélicoptère que parce qu'il est en métal et monte beaucoup plus haut, avec une rapidité beaucoup plus considérable. Ces constructions n'avaient pas dépassé le domaine du fabricant de joujoux, quand, à la fin de 1863, Nadar lança son fameux *Manifeste de l'automotion aérienne*, qui fut accueilli par la presse dans tous les pays du monde, et souleva un mouvement presque universel en faveur du *Plus lourd que l'air*. Voici quelques-uns des principaux passages de ce manifeste, qui a fait époque dans l'histoire de la navigation aérienne :

Ce qui a tué, depuis quatre-vingts ans tout à l'heure qu'on la cherche, la direction des ballons, c'est les ballons.

1. Rapport sur la première Exposition de la Société aéronautique de la Grande-Bretagne, tenue au Palais de Cristal à Londres en juin 1868, p. 10. — J. Bell Pettigrew. *La locomotion chez les animaux*. 1 vol. in-8°. Germer Baillière, 1874.

En d'autres termes, vouloir lutter contre l'air en étant plus léger que l'air, c'est folie.

A la plume — *levior vento*, si le physicien laisse parler le poète, — à la plume vous aurez beau ajuster et adapter tous les systèmes possibles, si ingénieux qu'ils soient, d'agrès, palettes, ailes, rémiges, roues, gouvernails, voiles et contre-voiles, — vous ne ferez jamais que le vent n'emporte pas du coup ensemble, au moment de sa fantaisie, plume et agrès.

Le ballon, qui offre à la prise de l'air un volume de 600 à 1200 mètres cubes d'un gaz de dix à quinze fois plus léger que l'air, le ballon est à jamais frappé d'incapacité native de lutte contre le moindre courant, quelle que soit l'annexe en force motrice de résistance que vous lui dispensiez.

De par sa constitution et de par le milieu qui le porte et le pousse à son gré, il lui est à jamais interdit d'être vaisseau : il est né bouée et restera bouée.

La plus simple démonstration arithmétique suffit pour établir irréfragablement, non seulement l'inanité de l'aérostat contre la pression du vent, mais dès lors au point de vue de la navigation aérienne, sa nocuité.

Étant donnés le poids qu'enlève chaque mètre cube de gaz et la quotité de mètres cubés par votre ballon d'une part et, d'autre part, la force de pression du vent dans ses moindres vitesses, établissez la différence — et concluez.

Il faut reconnaître enfin que, quelle que soit la forme que vous donniez à votre aérostat, sphérique, conique, cylindrique ou plane, que vous en fassiez une boule ou un poisson, de quelque façon que vous distribuiez sa force ascensionnelle en une, deux ou quatre sphères, de quelque attirail, je le répète, que vous l'attifiez, vous ne pourrez jamais faire que 1, je suppose, égale 20, — et que les ballons soient vis-à-vis de la navigation aérienne autre chose que les bourrelets de l'enfance [1].

POUR LUTTER CONTRE L'AIR, IL FAUT ÊTRE SPÉCIFIQUEMENT PLUS LOURD QUE L'AIR.

De même que spécifiquement l'oiseau est plus lourd que l'air dans lequel il se meut, ainsi l'homme doit exiger de l'air son point d'appui.

Pour commander à l'air, au lieu de lui servir de jouet, il faut s'appuyer sur l'air, et non plus servir d'appui à l'air.

En locomotion aérienne comme ailleurs, on ne s'appuie que sur ce qui résiste.

L'air nous fournit amplement cette résistance, l'air qui renverse les murailles, déracine les arbres centenaires, et fait remonter par le navire les plus impétueux courants.

De par le bon sens des choses, — car les choses ont leur bon sens, — de par la législation physique, non moins positive que la légalité morale, toute la puissance de l'air, irrésistible hier quand nous ne pouvions que fuir devant lui, toute cette puissance s'anéantit devant la double loi de la dynamique et de la pondération des corps, et, de par cette loi, c'est dans notre main qu'elle va passer.

C'est au tour de l'air de céder devant l'homme; c'est à l'homme d'étreindre et de soumettre cette rébellion insolente et anormale qui se rit depuis tant d'années de tant de vains efforts. Nous allons à son tour le faire servir en esclave, comme l'eau à qui nous imposons le navire, comme la terre que nous pressons de la roue.

Nous n'annonçons point une loi nouvelle : cette loi était édictée dès 1768, c'est-à-dire quinze ans avant l'ascension de la première Montgolfière, quand l'ingénieur Paucton prédisait à l'hélice son rôle futur dans a navigation aérienne.

---

1. On verra dans la dernière partie de cet ouvrage que des expériences récentes ont démontré l'inanité de ces raisonnements.

Il ne s'agit que de l'application raisonnée des phénomènes connus.

Et quelque effrayante que soit, en France surtout, l'apparence seule d'une novation, il faut bien en prendre son parti si, de même que les majorités du lendemain ne sont jamais que les minorités de la veille, le paradoxe d'hier est la vérité de demain.

L'automotion aérienne, d'ailleurs, ne sera pas absolument une nouveauté pour tout le monde....

J'arrive à MM. de Ponton d'Amécourt, inventeur de l'*Aéronef*, et de la Landelle, dont les efforts considérables, depuis trois années, se sont portés sur la démonstration pratique du système, à l'obligeance desquels nous devons la communication d'une série de modèles d'hélicoptères s'enlevant automatiquement en l'air avec des surcharges graduées.

Si des obstacles que j'ignore, des difficultés personnelles ont empêché jusqu'ici l'idée de prendre place dans la pratique, le moment est venu pour l'éclosion.

La première nécessité pour l'automotion aérienne est donc de se débarrasser d'abord absolument de toute espèce d'aérostat.

Ce que l'aérostation lui refuse, c'est à la dynamique et à la statique qu'elle doit le demander.

C'est l'hélice — la Sainte Hélice ! comme me disait un jour un mathématicien illustre — qui va nous emporter dans l'air ; c'est l'hélice, qui entre dans l'air comme la vrille entre dans le bois, emportant avec elles, l'une son moteur, l'autre son manche.

Vous connaissez ce joujou qui a nom *spiralifère?*

— Quatre petites palettes, ou, pour dire mieux, spires en papier bordé de fil de fer, prennent leur point d'attache sur un pivot de bois léger.

Ce pivot est porté par une tige creuse à mouvement rotatoire sur un axe immobile qui se tient de la main gauche. Une ficelle enroulée autour de la tige et déroulée d'un coup bref par la main droite lui imprime un mou-

vement de rotation suffisant pour que l'hélice en minia-
ture se détache et s'élève à quelques mètres en l'air. —
d'où elle retombe, sa force de départ dépensée.

Veuillez supposer maintenant des spires de matière et
d'étendue suffisantes pour supporter un moteur quelconque, vapeur, éther, air comprimé, etc., que ce moteur ait la permanence des forces employées dans les
usages industriels, et, en le réglant à votre gré comme
le mécanicien fait sa locomotive, vous allez monter, descendre ou rester immobile dans l'espace, selon le nombre de tours de roues que vous demanderez par seconde
à votre machine.

Mais rien ne vaut, pour arriver à l'intelligence, ce qui
parle d'abord aux yeux. La démonstration est établie
d'une manière plus que concluante par les divers modèles de MM. de Ponton d'Amécourt et de la Landelle.

On voit en définitive que le manifeste de Nadar
se résumait ainsi : 1° supprimer les ballons, que
que l'on ne saurait songer à diriger dans l'atmosphère ; 2° créer la navigation aérienne par la construction d'un grand hélicoptère mécanique.

Pour trouver le capital nécessaire aux études et
aux constructions, Nadar construisit *le Géant*, dont
on connaît les aventures dramatiques. Quelle que
fût ensuite l'ardeur dépensée en faveur du *Plus
lourd que l'air*, Nadar et ses amis n'arrivèrent à
aucun résultat pratique. On fit fonctionner de petits
hélicoptères-jouets dans l'une des séances de la
nouvelle *Société de Navigation aérienne*, mais nous
allons voir un peu plus loin que les tentatives faites
pour aller au delà ne furent pas couronnées de succès, malgré les affirmations de M. Babinet de l'Insti-

tut, que l'on peut considérer comme le chef de
l'École d'alors.

Voici, disait le savant physicien dans le *Constitutionnel*, ce que dit le public, par lettres, de France, d'Espagne, d'Angleterre, d'Italie; dans des rencontres au
milieu des rues; par des interpellations de salon;
par des conseils d'amis, etc. :
« Parlez-nous de l'art de voler
par l'hélice. »

Mais je n'ai rien à dire de
nouveau : attendez la construction d'un hélicoptère qui, avec
le zèle de M. Nadar, ne peut
tarder à se produire. Surtout,
ne confondez pas son ballon
géant, qui est réalisé, avec
son hélicoptère, qui va être
réalisée incessamment. Un ballon monte et plane dans les
airs. Un hélicoptère y vole,
s'y dirige, s'y maîtrise au gré
du voyageur. Un enfant commence à se tenir debout; plus
tard, il marche. De même le
ballon s'élève et l'hélice marche ou plutôt *marchera*.

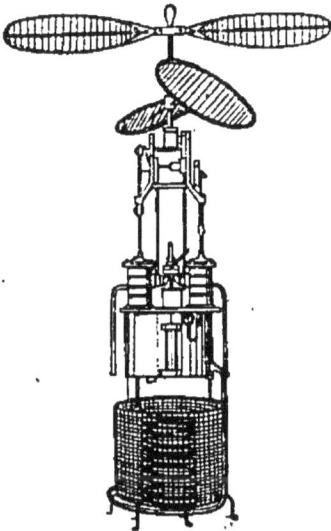

Fig. 26. — Hélicoptère à vapeur de M. de Ponton d'Amécourt (1865).

M. de Ponton d'Amécourt, un des plus fervents
partisans de l'aviation, qui, ainsi que notre savant
et vénérable ami, M. de la Landelle, s'était occupé
de l'aviation par l'hélice, bien avant les tentatives
de Nadar, fit de grands efforts pour réussir. Il construisit, en 1865, un hélicoptère à vapeur qui devait
enlever son moteur et son générateur. Ce charmant
petit modèle, qui a figuré à l'Exposition aéronau-

tique de Londres en 1868, est fort gracieusement
construit (fig. 26). La chaudière et le bâti sont en
aluminium et les cylindres en bronze. Le mouvement
de va-et-vient des pistons est transmis par des en-
grenages à deux hélices superposées de 264 centimètres carrés de surface et dont l'une tourne dans
le sens inverse de l'autre. L'appareil vide qui se
trouve actuellement au siège de la *Société de navigation aérienne*, pèse 2^{kg},770. La chaudière a
0^{m},08 de hauteur sur 0^{m},10 de diamètre. La hauteur
totale du système est de 0^{m},62.

Malheureusement le générateur ne peut résister à
une pression suffisante; quand cet hélicoptère fonctionne, il parvient à s'alléger notablement, il a une
certaine force ascensionnelle, mais il n'arrive pas à
quitter le sol[1].

Les journaux illustrés ont, à l'époque du *Géant*,
publié un autre projet de grand hélicoptère à vapeur
(fig. 27), attribué à M. de la Landelle, mais nul
essai d'appareil de ce genre ne fut entrepris et
n'aurait pu être exécuté en raison de l'insuffisance
des moteurs dont on pouvait disposer. Il y eut beaucoup de projets et de mémoires écrits sur le plus
lourd que l'air par l'hélice[2]; mais on ne vit paraître
aucune machine fonctionnant, et la grande agitation produite par l'initiative de Nadar ne tarda pas
à être oubliée.

---

1. *L'Aéronaute*, 12e année. 1879, p. 35.
2. Voy. Collection de mémoires sur *la Locomotion aérienne sans
ballons*, publiée par le vicomte de Ponton d'Amécourt, 6 brochures
in-4°. Paris, Gauthier-Villars. 1864 à 1867.

On en revint un peu plus tard au premier appareil de Launoy et Bienvenu. Alphonse Pénaud le
modifia en remplaçant le ressort dont se servait ces
premiers inventeurs par un fil de caoutchouc
tordu ; cet appareil donna un résultat tellement
supérieur à ce qu'on avait obtenu qu'il put presque passer pour une création nouvelle. Voici en
quels termes Alphonse Pénaud a décrit son système.

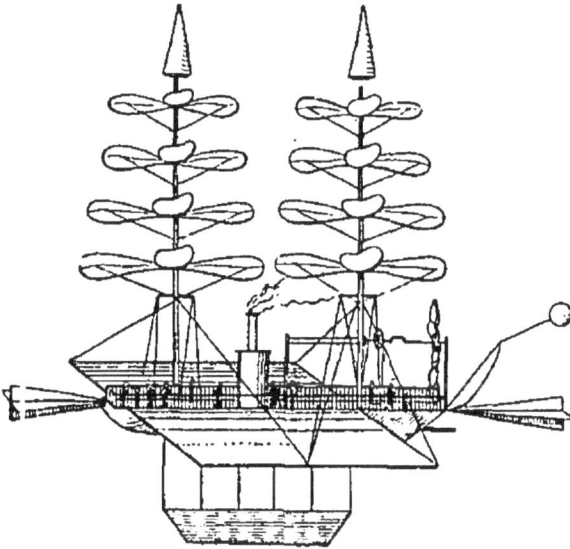

Fig. 27. — Projet de navire aérien à hélice attribué
à M. de la Landelle.

Tous les hélicoptères, pour la plupart coûteux, dé-
licats, se brisant facilement en retombant, avaient un
grave défaut : c'est que leur marche, qui ne durait
qu'un instant, semblait plutôt un saut aérien qu'un
véritable vol; à peine étaient-ils partis, leurs hélices
s'arrêtaient, et ils redescendaient.

Préoccupé, il y a quelques années, de l'insuffisance
de la démonstration, je fis des recherches sur les moyens
d'avoir des modèles plus satisfaisants. La force des res-

sorts solides était seule d'un emploi simple; mais le
bois, la baleine, l'acier, ne fournissent qu'une force
minime eu égard à leur poids; le caoutchouc était bien
plus puissant, mais la charpente nécessaire pour résister à sa violente tension était nécessairement assez
lourde. J'eus alors l'idée d'employer l'élasticité de torsion du caoutchouc, qui donna enfin la solution tant
cherchée de la construction facile, simple et efficace
des modèles volants démonstrateurs.

J'appliquai d'abord le nouveau moteur à l'hélicoptère, et la figure 28 représente l'appareil que je mon-
trai en avril 1870 à notre vénérable doyen, M. de la
Landelle. Il est extrêmement simple : ce sont toujours deux hélices
superposées tour-
nant en sens con-
traire; leur distance
est maintenue par de
petites tiges, au mi-
lieu desquelles se
trouve le caout-
chouc.

Pour mettre l'ap-
pareil en mouve-
ment, on saisit de la
main gauche l'une

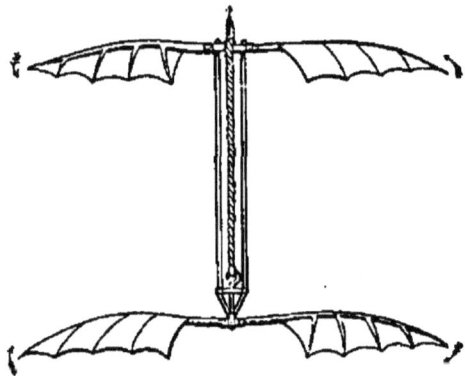

Fig. 28. — Hélicoptère à ressort de
caoutchouc d'Alphonse Pénaud (1870).

de ces petites tiges, et l'on fait tourner avec la main
droite l'hélice inférieure dans le sens contraire à celui
de la rotation utile. Lorsque la lanière de caoutchouc
est ainsi tordue sur elle-même d'une façon suffisante,
il ne reste plus qu'à abandonner l'appareil à lui-même;
on le voit alors (selon les proportions de ses différentes
parties) monter comme un trait, à plus de 15 mètres,
planer obliquement en décrivant de grands cercles, ou
enfin, après s'être élevé de 7 à 8 mètres, voler presque
sur place pendant 15 à 20 secondes, et parfois jusqu'à
26 secondes.

Malgré les efforts de Pénaud et d'un certain nombre de chercheurs, il fut impossible de tirer de l'hélicoptère aucun résultat pratique et la petite machine
fut condamnée à rester jouet.

Nous donnons (fig. 29) l'aspect d'un de ces hélicoptères-jouets basés sur le même principe et construits par M. Dan-
drieux. Sous l'action
du ressort de caout-
chouc, l'hélice tourne
et s'enlève à quelques
mètres de hauteur
avec les ailes de pa-
pillon en papier
mince dont elle est
agrémentée.

Le seul appareil de
ce genre qui ait laissé
derrière lui ses de-
vanciers est celui de
M. Forlanini, au su-
jet duquel nous al-
lons donner quel-
ques renseignements
précis.

Fig. 29. — Hélicoptère-jouet
de M. Dandrieux.

En 1878, le savant ingénieur italien M. Forlanini,
ancien officier du génie, construisit un petit modèle
d'hélicoptère à vapeur dont nous reproduisons
l'aspect (fig. 30).

L'appareil comprend deux hélices, mais une
seule d'entre elles est mise en mouvement par

le moteur à vapeur à deux pistons. Les deux pistons sont calés à angles contrariés sur un arbre de couche, transmettent le mouvement à un arc qui porte l'hélice par l'intermédiaire de deux roues d'engrenage. La seconde hélice est fixée sur le bâti; elle est destinée, comme dans le premier système de Launoy et Bienvenu, à empêcher l'appareil de tourner sur lui-même. Le manomètre est gradué jusqu'à 15 atmosphères. La distribution et la détente s'obtiennent pour chaque cylindre au

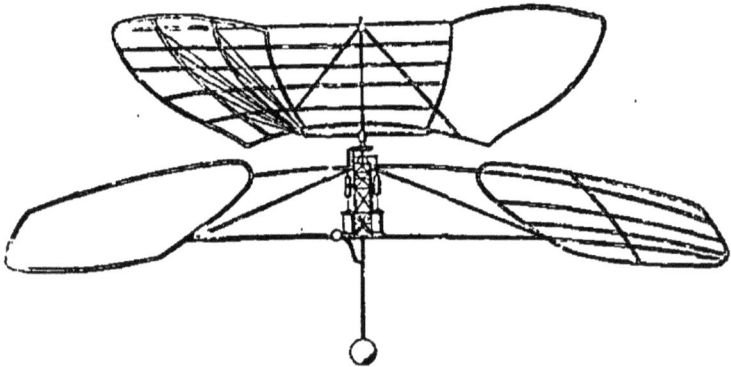

Fig. 50. — Hélicoptère à vapeur de M. Forlanini (1878).

moyen de deux bielles calées sur des excentriques fixés à l'arbre de couche[1].

Le poids total de l'appareil est de 3 kilogrammes et demi, la surface totale des hélices est de 2 mètres carrés, la force motrice varie de 18 à 25 kilogrammètres. Le moteur proprement dit pèse 1 kilogramme et demi, celui de la petite chaudière sphérique chargée d'eau pèse 1 kilogramme.

Quand on veut expérimenter l'appareil, on chauffe

1. *L'Aéronaute*, 1879.

le petit moteur sphérique représenté à la partie inférieure de notre figure, jusqu'à ce que la pression
soit suffisante. On retire le système du feu, on ouvre
le robinet : les hélices se mettent en mouvement.

L'auteur affirme que lors d'une expérience faite
devant le professsur Giuseppe Colombo et quelques
autres spectateurs, l'appareil se serait élevé à 13 mètres de hauteur, et serait resté 20 secondes en l'air.

Quel que soit l'intérêt de ce résultat, nous ferons
observer qu'il est encore loin de donner la solution
du problème de la navigation aérienne par l'hélice.

La machine de M. Forlanini n'enlève pas son
foyer. Elle ne fonctionne que pendant quelques
secondes !

Voilà tout ce qu'a pu donner jusqu'ici l'hélicoptère.

IV

CERFS-VOLANTS, PARACHUTES ET AÉROPLANES

Archytas de Tarente et le cerf-volant. — Le parachute de Sébastien Lenormand. — Jacques Garnerin. — Cocking. — Letur. — De Groof. — Aéroplanes de Henson et de Stringfellow. — Aéroplane à air comprimé de Victor Tatin. — De Louvrié. — Du Temple.

Archytas de Tarente, celui-là à qui l'on a attribué la construction d'une colombe mécanique, est l'inventeur du cerf-volant à plan incliné formé d'une matière solide, plus dense que l'air et qui se soutient dans l'air sous l'influence d'un point d'appui : c'est le plus simple des aéroplanes. Le cerf-volant d'Archytas remonte à 400 ans avant notre ère, et la théorie du cerf-volant n'est pas encore faite. Elle a dérouté les mathématiciens. « Le cerf-volant, ce jouet d'enfant méprisé des savants, disait le grand Euler en 1756, peut cependant donner lieu aux réflexions les plus profondes. »

Marey-Monge disait que le cerf-volant obéit à des conditions *mystérieuses*, il s'est livré à de nombreuses études sur cet intéressant appareil et il arrivait à conclure que la queue du cerf-volant est un organe indispensable, et qu'un cerf-volant « chargé d'une

queue qui a la moitié de son poids, monte deux fois
plus haut qu'un cerf-volant sans queue!

Cependant les cerfs-volants japonais, en forme
d'oiseau aux ailes étendues, fonctionnent admirablement et ils n'ont pas la moindre queue !

Plan incliné dans l'air, le cerf-volant a conduit les
aviateurs à l'idée de l'aéroplane, plan qui doit être
poussé dans l'air par un moteur, sous un angle déterminé. Nous allons arriver à l'aéroplane en partant du cerf-volant et passant par le parachute.

Quand les ballons firent leur apparition dans le
monde en 1775, on avait depuis longtemps oublié
les descriptions de Léonard de Vinci et de Veranzio
et le parachute fut découvert une seconde fois. A qui
revient l'honneur d'avoir construit le premier parachute à la fin du siècle dernier ? Il est certain que
Blanchard dès ses premières ascensions se servit de
petits parachutes pour lancer des chiens et des animaux dans l'espace. Son vaisseau volant était muni
d'un parachute. Il n'est pas moins certain que
Sébastien Lenormand, peu de mois après l'ascension des premiers aérostats, effectua du haut de
la tour de l'Observatoire de Montpellier une descente en parachute qui excita vivement l'attention
publique. Ceci résulte d'une enquête qui a été faite
à ce sujet, lorsque Garnerin prit un brevet d'invention pour le système qu'il venait d'expérimenter.

Voici en quels termes Sébastien Lenormand a revendiqué lui-même son invention; on va voir que
son droit de propriété a été reconnu.

Le 26 décembre 1783 je fis à Montpellier, dans l'enclos des ci-devant Cordeliers, ma première expérience en m'élançant de dessus un ormeau ébranché, et tenant en mes mains deux parasols de trente pouces de rayon, disposés de la manière dont je vais l'indiquer. Cet ormeau présentait une saillie à la hauteur d'un premier étage un peu haut; c'est de dessus cette saillie que je me suis laissé tomber.

Afin de retenir les deux parasols dans une situation horizontale sans me fatiguer les bras, je fixai solidement les extrémités des deux manches aux deux bouts d'un liteau de bois, de cinq pieds de long, je fixai pareillement les anneaux aux deux bouts d'un autre liteau semblable et j'attachai à l'extrémité de toutes les baleines des ficelles qui correspondaient au bout de chaque manche.

Il est facile de concevoir que ces ficelles représentent deux cônes renversés, placés l'un à côté de l'autre, et dont les bases étaient les parasols ouverts. Par cette disposition ! j'empêchais que les parasols ne fussent forcés de se reployer en arrière par la résistance de la colonne d'air. Je saisis la tringle inférieure avec les mains et me laissai aller : la chute me parut presque insensible lorsque je la fis les yeux fermés. Trois jours après, je répétai mon expérience, en présence de plusieurs témoins, en laissant tomber des animaux et des poids du haut de l'Observatoire de Montpellier.

M. Montgolfier était alors dans cette ville, il en eut connaissance et répéta mes expériences à Avignon avec M. de Brante, dans le courant de mars 1784, en changeant quelque chose à mon parachute, dont j'avais communiqué la construction à M. l'abbé Bertholon, alors professeur de physique.

L'Académie de Lyon avait proposé un prix d'après le programme suivant :

Déterminer le moyen le plus sûr, le plus facile, le moins dispendieux et le plus efficace de diriger à volonté les globes aérostatiques.

J'envoyai un mémoire au concours, ce fut dans les premiers jours de 1784, j'y insérai la description de mon parachute dans la vue de m'assurer la priorité de la découverte.

L'abbé Bertholon fit imprimer quelque temps après un petit ouvrage, sur les avantages que la physique et les arts qui en dépendent peuvent retirer des globes aérostatiques ; et l'on y trouve, page 49 et suivantes, des détails sur le parachute et sur les expériences que nous fîmes ensemble.

Le citoyen Prieur avait inséré dans le tome XXI des *Annales de chimie* une note historique sur l'invention et les premiers essais des parachutes, il en attribuait la gloire à M. Joseph Montgolfier ; je réclamai, et ce savant distingué s'empressa d'insérer dans le tome XXXVI, page 94, une notice qu'il termine par cette phrase : « La justice et l'intérêt de la vérité prescrivaient également la publicité que nous donnons à la réclamation du citoyen Lenormand, ainsi qu'aux preuves, qui paraissent en effet lui assurer la priorité de date pour les premières expériences des parachutes. » Plusieurs journaux répétèrent ce qu'avait avancé le citoyen Prieur.

Voici, monsieur, l'article relatif à mon parachute, que j'extrais mot à mot du mémoire que j'adressai à l'Académie de Lyon, et dont j'ai parlé plus haut ; j'y joins aussi la copie de la planche qui l'accompagnait.

Description d'un parachute.

Je fais un cercle de 14 pieds de diamètre avec une grosse corde ; j'attache fortement tout autour un cône de toile dont la hauteur est de 6 pieds ; je double le cône de papier en le collant sur la toile pour le rendre imperméable à l'air ; ou mieux, au lieu de toile, du taffetas recouvert de gomme élastique. Je mets tout autour du cône des petites cordes, qui sont attachées par le bas à une petite charpente d'osier, et forment avec cette char-

pente, un cône tronqué renversé. C'est sur cette charpente que je me place. Par ce moyen j'évite les baleines
du parasol et le manche, qui feraient un poids considérable. Je suis sûr de risquer si peu, que j'offre d'en
faire moi-même l'expérience, après avoir cependant

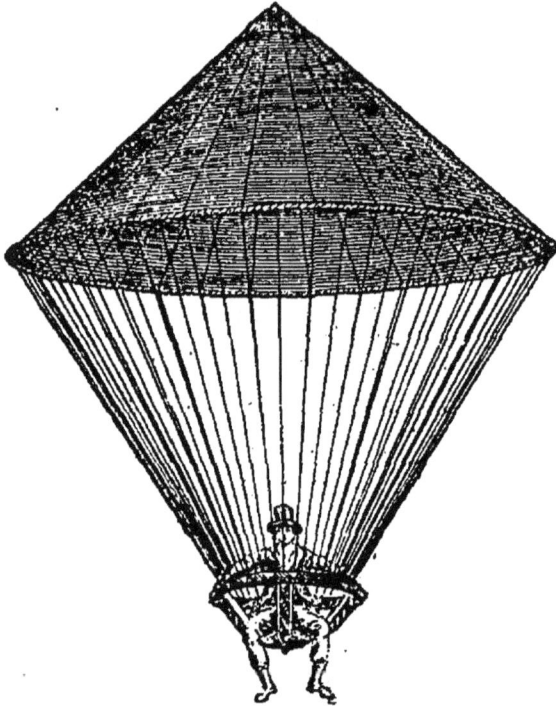

Fig. 31. — Premier parachute de Sébastien Lenormand.

éprouvé le parachute sur divers poids pour être assuré
de sa solidité.

Les propriétés du parachute étaient donc très connues, lorsqu'un élève du physicien Charles, Jacques
Garnerin, ayant été fait prisonnier de guerre, et se
trouvant enfermé en Autriche, eut l'idée de s'évader à l'aide d'un appareil qui lui permettrait de se
précipiter du haut d'une tour. Il ne réussit pas à

s'échapper par ce procédé, mais quand il eut recouvré la liberté, il résolut de mener à bien l'expérience
qu'il avait imaginée pendant sa captivité.

La première tentative d'une descente de ballon
exécutée en parachute eut lieu le 22 octobre 1797,
au parc Monceau, en présence d'une foule considérable, parmi laquelle se trouvait l'astronome Lalande. Jacques Garnerin s'éleva sous un parachute
plié, attaché à un ballon. A 1000 mètres de hauteur, il coupa la corde qui le maintenait sous l'aérostat, et il s'abandonna dans les airs. Des cris de
stupeur retentirent, mais on vit le parachute s'ouvrir et osciller au milieu de l'atmosphère. Ce premier parachute avait seulement 7^m,80 de diamètre.
La descente fut très rapide, elle se termina par un
choc violent qu'eut à subir Garnerin dans sa petite
nacelle, en touchant la terre. L'intrépide expérimentateur, en fut quitte pour une contusion au pied,
légère blessure, puisqu'elle ne l'empêcha pas de
revenir à cheval, vers son point de départ, où il
fut accueilli par des acclamations.

Lalande courut à l'Institut pour annoncer à ses
collègues le succès de cette grande expérience
d'aviation.

Le parachute ne subit presque aucune modification après Garnerin. Il fut muni d'une ouverture
centrale circulaire, destinée à laisser passer l'air à
sa partie supérieure; cette ouverture tend à éviter
les oscillations de la descente, mais elle n'est pas nécessaire, d'après l'avis des spécialistes compétents.

Après un grand nombre de descentes en parachute,

exécutées par Garnerin et par sa nièce Elisa Garnerin, par Blanchard, par Mme Blanchard, par Louis
Godard et par Mme Poitevin, on abandonna cet
appareil; il n'a en réalité aucune utilité aérostatique, et ne sert qu'à donner une démonstration
expérimentale intéressante.

L'appareil de Garnerin n'est-il pas susceptible
d'être perfectionné? Sa forme est-elle le plus favorable au but qu'il s'agit d'atteindre? Certains aviateurs pensent que le parachute de Garnerin pourrait
être avantageusement modifié. En 1816, Cayley,
dont nous avons déjà parlé précédemment, et qui
est considéré comme l'un des partisans les plus
distingués du plus lourd que l'air dans la Grande-
Bretagne, exprimait l'opinion suivante : Les machines de ce genre, qui ont certainement été construites en vue de procurer une descente équilibrée,
ont reçu, chose étonnante, la pire des formes qu'on
puisse imaginer pour atteindre ce but.

L'inventeur anglais Cocking partageait ces idées,
mais il eut la témérité de se confier à des surfaces
de dimensions insuffisantes, disposées à l'inverse
d'un parachute ordinaire. Son appareil avait la
forme d'un cône renversé : il devait fonctionner la
pointe en bas.

Le 27 septembre 1836, Cocking exécuta son expérience avec l'aéronaute anglais Green, qui, convaincu de la justesse des raisonnements de l'inventeur, n'hésita pas à l'enlever attaché à la nacelle de
son ballon. Il s'élevèrent tous deux du Wauxhall à
Londres, et montèrent jusqu'à l'altitude de 1200

mètres. A cette hauteur, Green coupa la corde, qui reliait au ballon Cocking et son appareil. Le parachute retourné se précipita dans l'air avec une vitesse désordonnée; sa surface mal calculée se déforma, et l'on vit avec stupeur le malheureux aviateur être précipité vers le sol avec une rapidité toujours croissante (fig. 32). Cocking fut broyé par le choc, et l'on releva son corps en lambeaux.

En 1853, un Français, Letur, imagina de munir un parachute de deux grandes ailes analogues à celles des coléoptères, et qui lui permettraient de se diriger pendant la descente vers un point déterminé (fig. 33). Il exhiba son appareil à l'Hippodrome de Paris à la fin de mai 1853[1], mais il n'exécuta pas son expérience. L'année suivante, le 27 juin 1854, Letur fut enlevé à Londres dans le ballon de William Henry Adam. Celui-ci était accompagné par un ami. Le parachute volant de Letur était attaché à 25 mètres au-dessous de la nacelle de l'aérostat. Une catastrophe analogue à celle de Cocking allait se produire. En voici le récit d'après le journal anglais le *Sun :*

La descente en parachute de l'aéronaute français, M. Letur, dont l'ascension avait eu lieu à Cremorn-Gardens, il y a quelques jours, s'est terminée d'une manière fatale pour lui. Il paraît que lorsque le ballon fut arrivé au-dessus de Tottenham, M. Adam, l'une des personnes qui occupaient des places dans la nacelle,

1. *Le Constitutionnel* du 1er juin 1853 donne le récit d'une visite faite à l'Hippodrome pour voir l'appareil de Letur, par M. le duc de Gênes, accompagné de l'aide·de camp de l'Empereur.

Fig. 52. — Mort de Cocking, le 26 septembre 1836.

troúvant l'endroit favorable, se prépara à descendre. Il
coupa deux des cordes qui attachaient le parachute au
ballon ; mais il s'aperçut que la troisième corde était
engagée dans l'appareil de la machine.

Tout près de la station du chemin de fer de Tottenham, deux employés du chemin de fer s'étaient d'abord
saisis de l'ancre attachée au parachute, mais force leur
fut bientôt de lâcher prise. M. Adam, pour éviter les
dangers que présentaient des arbres dans le voisinage,

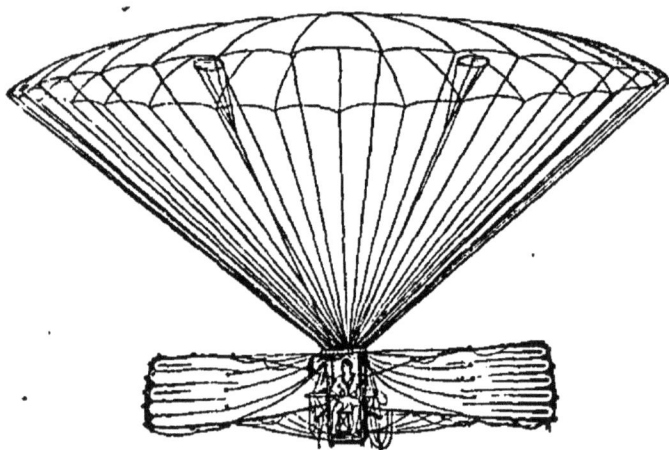

Fig. 55. — Appareil de Letur (1854).

se mit à jeter du lest ; néanmoins, on heurta les
arbres.

Le parachute fut ballotté avec une grande violence
dans les branchages, que l'on entendait craquer de la
station, à la distance d'un quart de mille. Cependant
M. Adam parvint à descendre sur le champ, tout près
de la station de Marshlane. Les ancres du parachute
étant demeurées attachées à des branches, à peu de
distance de l'endroit où M. Adam et son ami étaient
descendus, ceux-ci s'empressèrent de courir au secours
du malheureux Français, qui n'avait pas voulu quitter
le parachute et s'y tenait accroché avec force.

Une foule immense fut bientôt sur le théâtre de
l'accident, et l'on parvint après beaucoup d'efforts à

dégager le malheureux M. Letur, qui, n'ayant 'pas perdu connaissance, quoique fortement brisé par de nombreuses contusions, poussait des cris et des gémissements. On le transporta à la taverne du chemin de fer près de la station. M. Barrett, propriétaire, le fit placer dans une chambre. On courut chercher un médecin. M. le docteur Lieks arriva.

Ce pauvre M. Letur, qui ne parle pas du tout anglais, ne cessait de répéter : « Mon Dieu! mon Dieu! » On le mit dans un lit. Le docteur Lieks examina attentivement ses blessures. Les contusions extérieures parurent peu graves, mais le docteur jugea qu'une lésion interne d'une nature grave et mortelle devait avoir eu lieu.

Dans la soirée, plusieurs personnes arrivèrent de Cremorn-Gardens, et entre autres M. Franchel, l'ami intime du blessé, et qui l'avait engagé à venir en Angleterre par spéculation. M. Franchel, très ému et rempli de compassion pour le sort du malheureux, déclara qu'il ne le quitterait pas. Cette assurance parut améliorer beaucoup l'état moral du blessé, qui pensa que sa famille pourrait avoir de ses nouvelles par l'intermédiaire de cet ami.

M. Franchel n'a pas quitté le blessé jusqu'à son dernier soupir, qu'il a rendu jeudi dernier, et il avait même déclaré qu'il ne quitterait l'hôtel qu'après avoir rendu les derniers devoirs à son ami. Jusqu'à sa mort, M. Letur a gardé sa pleine connaissance. Il s'est entretenu avec calme avec M. Franchel, à qui il a exprimé ses dernières volontés. Il avait quarante-neuf ans. On dit qu'il laisse sa famille dans l'indigence, à Paris. Sa malheureuse femme est dans un état de grossesse très avancé.

Parmi les personnes qui ont montré le plus d'intérêt pour ce malheureux a été M. Simpton, propriétaire de Cremorn-Gardens. Le parachute n'a pas été très endommagé. Il reste déposé à la taverne pour être examiné par le coroner et le jury.

Cette catastrophe causa une vive émotion et donna lieu à une enquête du coroner. Nous extrayons les passages les plus intéressants du procès-verbal qui a été publié à cette époque.

Aujourd'hui, à quatre heures de l'après-midi, M. Baker, coroner d'East-Middlesex, et un jury composé d'hommes très recommandables, se sont réunis à l'hôtel du Chemin-de-Fer, pour s'y livrer à une enquête sur la mort de M. Letur, aéronaute français, âgé de quarante-neuf ans, mort des suites de ses blessures dans une descente en parachute.

Un grand nombre de personnages spéciaux et scientifiques assistaient à l'enquête, et notamment MM. Green, Coxwell, Hampton, aéronautes distingués. M. Adam, secrétaire, de M. Simpson, propriétaire de Cremorn-Gardens, où avait eu lieu l'ascension, représentait ce dernier.

M. William Henry Adam, aéronaute à Cremorn-Gardens, dépose en ces termes : « Le 27 juin, le défunt s'est enlevé à Cremorn-Gardens avec son parachute. Il était accompagné de M. Adam et d'un ami de ce dernier. La nacelle du ballon était à environ 80 pieds au-dessus du parachute de M. Letur. Celui-ci, attaché au siège sur lequel il était placé, faisait mouvoir, à l'aide de ses pieds, deux vastes ailes avec lesquelles il guidait sa machine. Ses mains étaient entièrement libres.

L'ascension se fit très heureusement; en arrivant à Conden-Town, M. Adam songea à descendre. La descente étant déjà commencée, M. Adam demanda à M. Spearham, armateur, qui était avec lui dans la nacelle, si le parachute s'était ouvert, ce qui aurait dû être fait immédiatement. M. Spearham répondit que non.

M. Adam vit alors que le parachute et les cordes se trouvaient mêlées. L'humidité du gazon sur lequel le parachute était resté deux heures avant l'ascension avait exercé de l'influence sur les cordes toutes neuves.

Il fallut songer à descendre définitivement. C'est alors que le parachute se heurta avec violence contre les branches des arbres que l'on avait vainement tenté d'éviter. De là et par suite des secousses et des commotions, la mort de M. Letur.

Le coroner, après l'interrogatoire des témoins, a résumé l'affaire, et le jury, après une courte délibé-

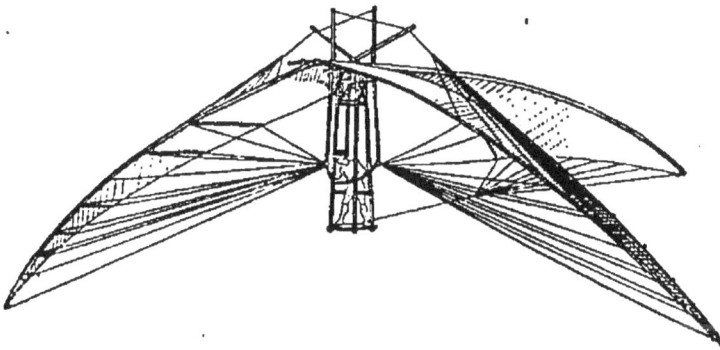

Fig. 31. — Machine volante de Groof.

ration, a rendu un verdict constatant que la mort avait été accidentelle.

En 1872, un Belge, nommée de Groof, voulut réaliser une machine volante jouant à la fois le rôle d'ailes battantes et de parachute. Comme Cocking et Letur, il entreprit d'expérimenter son système de vol planeur, en se séparant d'un aérostat qui l'enlèverait à une assez grande hauteur dans l'atmosphère. En 1873, il voulut commencer ses essais à Bruxelles, mais il ne réussit pas. Comme jadis Degen, il fut roué de coups par la foule et devint ensuite l'objet des railleries impitoyables de ses concitoyens.

De Groof ne se lassa point ; au commencement de l'année suivante il fit insérer dans un grand nombre de journaux politiques l'annonce suivante, que nous reproduisons textuellement :

POUR faire des expériences à Paris ou ailleurs on demande pour le mois de mai prochain **UN AÉRONAUTE** ᴬᵞᴬᴺᵀ ᵁᴺ **BALLON** pouvant enlever et lâcher à une certaine hauteur le soussigné et un appareil volateur pesant ensemble 125 kilos. — Pour les conditions s'adresser à M. de Groof, à Bruges (Belgique).

L'aéronaute demandé, se présenta dans la personne de M. Simmons, praticien anglais, et les expériences furent préparées à Londres, pour être exécutées dans les jardins de Cremorne, comme cela avait eu lieu précédemment pour Cocking et Letur. Le sort de de Groof fut le même que celui de ses pédécesseurs !

Nous allons, avant de donner le récit de cette catastrophe, faire connaître quel était le système du malheureux inventeur.

L'appareil de Groof se composait de deux ailes de 11 mètres et d'une queue de 9 mètres, à l'aide desquelles il prétendait descendre lentement dans une direction déterminée, quand on le détacherait de dessous la nacelle d'un aérostat qui l'aurait élevé à une assez grande hauteur (fig. 54). Ce n'était pas le problème du vol complet que cet inventeur cherchait à résoudre, mais une sorte de vol partiel.

Une première expérience, exécutée le 29 juin 1873 à Cremorne, a réussi, en ce sens que de Groof parvint à conserver l'équilibre et à descendre à terre sans mésaventure, à peu près dans la direction où l'aurait porté un simple parachute.

Il avait été, dans cette première expérience, lâché dans l'air à une hauteur de 300 mètres au-dessus du sol. De Groof donna lui-même à l'aéronaute Simmons le signal de la séparation. Il déclare avoir crié : « Lâchez! » Il se trouva à terre sans accident, la queue de l'appareil ayant été légèrement endommagée.

Enhardi par ce succès relatif, de Groof voulut donner une nouvelle représentation de son expérience. Le 5 juillet 1874, il exécuta une ascension dans les mêmes circonstances que précédemment, se faisant attacher au-dessous de la nacelle du ballon de M. Simmons, un des aéronautes ordinaires de Cremorne.

Il paraît qu'après être monté à quelques centaines de mètres, le ballon s'est mis à descendre rapidement, sans doute à cause d'une condensation subite. De Groof, craignant d'être écrasé sous le ballon, prit peur et cria à M. Simmons de couper la corde. Il n'était plus à ce moment qu'à trente mètres de terre.

Les ailes n'ayant pu faire parachute, le malheureux de Groof tomba aussi lourdement qu'une pierre. Il avait perdu connaissance en arrivant à terre, où il reçut un coup terrible sur la nuque, et il expira, avant qu'on eût pu le transporter à l'hôpital de Chelsea, où sa femme accourut en même temps que son cadavre arrivait.

Après les applications si malheureuses et si funestes qui ont été faites du parachute aux appareils

Fig. 55. — Machine aérienne à vapeur de Henson.

de vol aérien, arrivons aux aéroplanes que les aviateurs considèrent actuellement comme le système le plus avantageux que l'on puisse préconiser.

En 1843, MM. Henson et Stringfellow, en Angleterre, construisirent successivement de grands appareils formés de plans inclinés que deux roues en hélice devaient faire progresser au sein de l'air. L'appareil de M. Henson, qui fut présenté sous le nom de machine à vapeur aérienne, consistait en un chariot adapté à un grand cadre rectangulaire de bois et de bambou, couvert de canevas ou de soie vernie. Le cadre formant plan incliné, s'étendait de chaque côté du chariot, de la même manière que les ailes étendues d'un oiseau, mais avec cette différence qu'il devait rester immobile (fig. 35). Derrière, se trouvaient deux roues verticales en éventail, munies de palettes obliques destinées à pousser l'appareil. Ces roues jouaient donc le rôle de propulseurs. Cet appareil curieux, dont on parla beaucoup à l'époque où il fut imaginé, ne fonctionna jamais convenablement.

M. Stringfellow étudia de son côté un grand projet, dans lequel il avait eu l'idée de superposer en trois étages les plans de glissement dans l'atmosphère. Aucune expérience ne fut exécutée.

Ce que MM. Henson et Stringfellow ne surent réaliser, M. Victor Tatin, dont nous avons déjà parlé précédemment, l'exécuta en petit à une époque beaucoup plus récente.

Voici comment l'auteur a décrit lui-même son ingénieux aéroplane après avoir résumé quelques intéressantes considérations d'ensemble que nous reproduisons.

On désigne sous le nom d'aéroplanes, des appareils dont l'invention est assez récente, car le premier projet rationnel qu'on en ait publié est dû à Henson, et ne remonte qu'à 1842. C'est, du reste, le type qui depuis lors a toujours été reproduit.

Le principe de cet appareil consiste à maintenir sur
l'air un vaste plan auquel des hélices propulsives com-
muniquent un rapide mouvement de translation. Personne, que nous sachions, n'avait obtenu de bons
résultats au moyen des aéroplanes, avant Pénaud, qui
employa encore le caoutchouc tordu pour mettre en
mouvement ces petits appareils si étonnants par la
simplicité de leur mécanisme (fig. 36). Cet ingénieux
expérimentateur n'a malheureusement réalisé que des
types d'aéroplanes de petites dimensions. La maladie
qui devait nous l'enlever, a sans doute entravé ses recherches. Quelques années avant sa mort, il avait
cependant publié, avec le concours d'un de nos amis

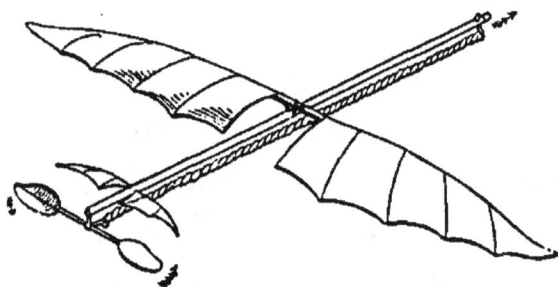

Fig. 36. — Aéroplane d'Alphonse Pénaud.

communs, M. P. Gauchot, ingénieur distingué, un projet
d'aéroplane de grandes dimensions; la mort de Pénaud
dut en empêcher la réalisation. Cette construction eût
sans doute entraîné d'assez fortes dépenses, mais nous
croyons qu'elle eût donné la preuve victorieuse de la
supériorité de l'aéroplane sur tous les appareils que
nous avons décrits ci-dessus.

A l'époque où Pénaud se rattachait définitivement
à l'emploi de l'aéroplane comme à la méthode la plus
capable de donner des résultats pratiques, nous pour-
suivions encore la création d'appareils basés sur l'imi-
tation du vol de l'oiseau. Nos yeux s'ouvrirent enfin
à l'évidence et nous entrâmes dans la voie que, depuis
lors, nous n'avons plus cessé de suivre. Nous ne tar-

dâmes pas à nous applaudir de ce changement, car, dès nos premiers essais, les résultats furent très satisfaisants.

Un petit aéroplane d'environ $0^{mq},7$ de surface était remorqué par deux hélices tournant en sens inverse; le moteur était une machine à air comprimé, analogue à une petite machine à vapeur dont la chaudière était remplacée par un récipient relativement grand et d'une capacité de 8 litres; malgré le peu de poids dont nous pouvions disposer, nous avons pourtant pu donner à ce récipient une solidité suffisante pour qu'il puisse résister, à l'épreuve, à plus de 20 atmosphères : dans nos expé-

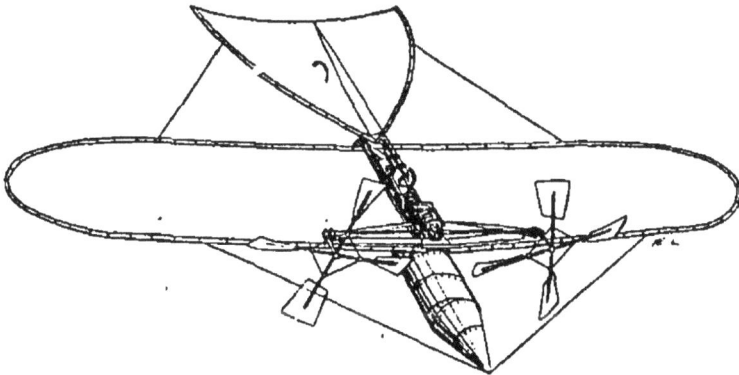

Fig. 57. — Aéroplane à air comprimé de Victor Tatin, expérimenté en 1879.

riences, la pression n'en a jamais dépassé 7 ; son poids n'était que de 700 grammes. La petite machine développant une force motrice d'environ $2^{kgm},6$ par seconde, pesait 500 grammes; enfin, le poids total de l'appareil, monté sur roulettes était de $1^k,750$ (fig. 57) ; cet ensemble quittait le sol, à la vitesse de 8 mètres par seconde, quoique les résistances inutiles fussent presque égales à celles dues à l'ouverture de l'angle formé par les plans au-dessus de l'horizon. L'expérience a été faite en 1879 dans l'établissement militaire de Chalais-Meudon. L'aéroplane, attaché par une cordelette au centre d'un plancher circulaire, tournait autour de la piste; il a pu s'enlever du sol, et passer même une fois au-dessus de la tête d'un spectateur. Nous ne pouvons que renouveler ici les remerciements que nous avons déjà adressés à MM. Renard et Krebs, pour leur extrême obligeance et l'intérêt qu'ils semblaient prendre à nos essais.

Après ce résultat, nous avions formé le projet d'étudier avec cet appareil les avantages ou les inconvénients de l'emploi de plans plus ou moins étendus, d'angles plus ou moins ouverts, et enfin, de diverses vitesses dans chacun de ces cas; mais nos ressources, alors plus qu'épuisées par ces longs et coûteux travaux, ne nous le permirent pas et, à notre grand regret, nous avons dû depuis, nous contenter d'indiquer le programme de nos expériences, sans pouvoir le réaliser nous-même.

L'expérience que nous venons de rapporter corroborait, d'ailleurs, nos prévisions, et nous pensons aujourd'hui pouvoir tracer les lignes principales d'un aéroplane, sans crainte de commettre de grave erreur. Dans un aéroplane, comme dans un ballon, la résistance à la translation croit comme le carré de la vitesse; la force motrice devra donc, ici aussi, croître comme le cube de cette vitesse, mais comme, pour un angle donné et supposé invariable, la poussée de sustention et la résistance à la translation seront toujours dans le même rapport, le poids disponible augmentera avec le carré de la vitesse, de sorte qu'on se trouve sur ce point, plus avantagé qu'avec l'emploi des ballons.

Il faut remarquer, par contre, qu'avec le système aéroplane, les grandes constructions ne procureront que l'avantage de pouvoir obtenir des moteurs relativement plus légers et plus économiques.

Il est bien évident que les premiers essais qu'on pourrait traiter avec des aéroplanes ne seraient que d'une courte durée. Ayons d'abord des vues modestes. Qu'une machine aérienne fonctionne seulement une heure, une demi-heure même, à la vitesse d'une quinzaine de mètres par seconde, et le progrès accompli sera immense;

on peut même dire que le problème sera entièrement résolu. Après ce premier pas, viendront rapidement les perfectionnements qu'indiquera l'expérience; les moteurs nouveaux deviendront un but de recherches qui ne tarderont pas à être fécondes, et l'humanité se trouvera enfin en possession du plus puissant engin qu'elle ait jamais imaginé.

Beaucoup d'autres systèmes ont été proposés par les aviateurs. Michel Loup, en 1852, décrivit l'appareil que représente notre gravure (fig. 38).

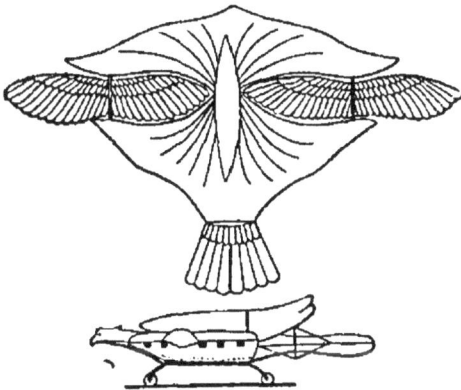

C'était un système formé par un plan de glissement devant s'avancer au moyen de quatre ailes tournantes. L'appareil était muni d'un gouvernail et de roues; il affectait l'aspect d'un oiseau quand on le voyait de profil.

Fig. 38. — Aéroplane de Michel Loup. (1852).

Nous ne devons pas oublier de mentionner le nom d'un mathématicien pratique dont les travaux étaient fort dignes d'intérêt : de Louvrié. Il avait imaginé un système d'aéroplane, dont les ailes pouvaient être repliées comme celles de l'oiseau. Son système de cerf-volant parachute, dont nous donnons le schéma (fig. 59), fut soumis à l'examen de l'Académie des sciences, mais aucune expérience ne put avoir lieu.

Dans cet appareil il devait y avoir une hélice de

propulsion, ou un moteur à mélange détonant produisant une réaction sur l'air.

Parmi les plus fervents disciples de l'aviation par les aéroplanes, nous aurons encore à citer les

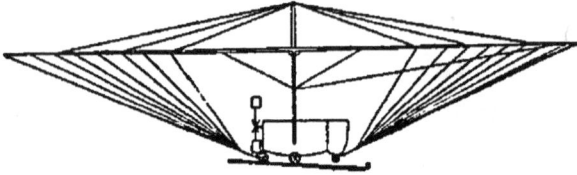

Fig. 39. — Aéroscaphe de Louvrié.

frères du Temple. Dès l'année 1857, M. Félix du Temple, alors lieutenant de vaisseau, prit un brevet d'invention pour un appareil de locomotion aérienne imitant le vol des oiseaux. Bientôt aidé de son frère, M. Louis du Temple, capitaine de frégate,

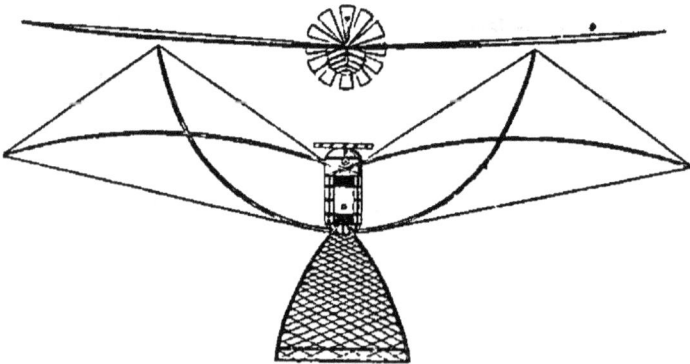

Fig. 40. — Aéroplane monté sur roue de M. du Temple (1857).

auteur d'ouvrages de mécanique estimés, il eut l'idée de l'aéroplane que nous représentons (fig. 40). Cet aéroplane, formé de deux grandes ailes et d'une queue, était monté sur roue. A l'avant se

trouvait une hélice d'aspiration, mise en mouvement par une machine à vapeur très légère.
M. Louis du Temple a étudié avec un grand mérite
les moteurs légers, et tout le monde connaît la chaudière à vapeur qui lui est due. Malgré les efforts
les plus persévérants, aucun résultat d'expérimentation pratique de l'aéroplane ne put être obtenu.

En 1858, Jullien, dont nous allons résumer
plus loin les remarquables expériences d'aérostat

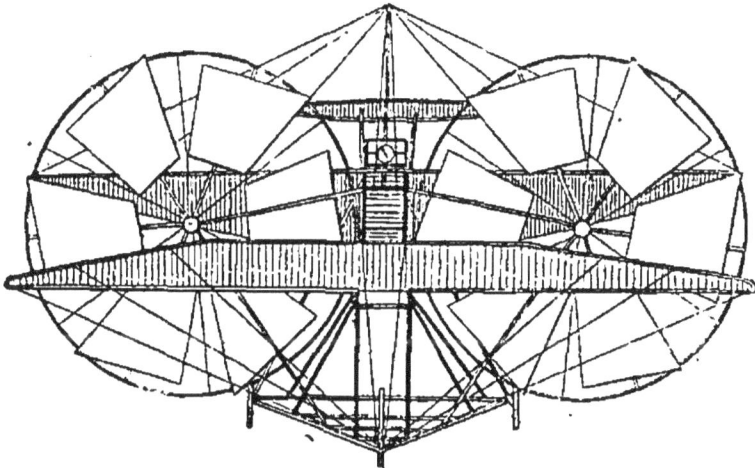

Fig. 41. — Aéroplane de Thomas Moy (1871).

allongé, voulut étudier ce que peuvent donner les
appareils plus lourds que l'air. Il présenta à la
Société d'encouragement pour l'aviation[1] un modèle
d'aéroplane automoteur ne pesant que 56 grammes
quoique ayant 1 mètre de longueur. Les propulseurs
étaient des hélices à deux palettes. Le moteur, une
simple lanière de caoutchouc analogue à celle

---

1. *Société d'encouragement pour l'aviation*, ou Locomotion aérienne au moyen d'appareils plus lourds que l'air. 1 broch. in-8°,
Paris, J. Claye, 1867.

qu'employait Pénaud. M. de la Landelle en a donné la description :

L'appareil, qui marchait en ligne droite et horizontale, papillonnait durant cinq secondes et parcourait une distance de douze mètres. La force dépensée était de 72 grammètres par seconde.

L'inventeur se proposait de construire un appareil de plus grande dimension, pesant 200 grammes et fonctionnant pendant 20 secondes, mais il ne donna pas suite à cette idée.

Vers la même époque M. Carlingford prit en Angleterre et en France un brevet d'invention pour un chariot ailé, muni d'une hélice de traction. Cet aéroplane singulier était destiné à être lancé en l'air au moyen d'une balançoire à laquelle on devait l'avoir préalablement suspendu. La seule force de l'homme qui s'y trouvait suspendu devait en outre permettre à l'appareil de voler comme l'oiseau dans toutes les directions.

Les projets d'aéroplanes sont innombrables et les aviateurs se nomment *légion*. Mais que de fois leurs projets sont absolument chimériques ! Figurons à titre de curiosité de ce genre, un projet d'appareil proposé par Thomas Moy en 1871[1] (fig. 41). Deux plans inclinés seraient animés de mouvement dans l'air sous l'influence de grandes roues à hélice.

1. Nous avons emprunté le dessin de cet aéroplane et de quelques-uns de ceux que nous venons de mentionner au *Tableau d'aviation*, dressé par M. E. Dieuaide, un de nos plus zélés historiens de la navigation aérienne.

Il est facile de figurer une machine sur le papier; mais l'art de la construire et de la faire fonctionner est plus difficile. C'est ce qu'oublient trop souvent les hommes que leur imagination entraîne loin du domaine de la science expérimentale.

Nous avons décrit les principes de l'aviation, nous avons parlé des expériences qui ont été faites. On a vu que malgré l'incontestable intérêt des études et des constructions exécutées, *le plus lourd que l'air* n'a pas réalisé jusqu'ici la navigation aérienne.

Est-ce à dire que la solution du problème de l'aviation n'est pas possible? Nous nous garderons de prononcer ce mot; mais il nous paraît certain qu'avec les ressources actuelles de la mécanique contemporaine, le problème ne saurait être résolu d'une façon pratique, les moteurs dont on dispose, étant beaucoup trop lourds.

TROISIÈME PARTIE

LE PROBLÈME DE LA DIRECTION DES BALLONS

On sent que tous les usages de l'aérostat se multiplieront, lorsque cette machine aura été perfectionnée, et même qu'ils deviendront d'une tout autre conséquence, si on parvient jamais à la diriger, comme tout semble en annoncer la possibilité.

(Rapport fait à l'Académie des sciences sur la machine aérostatique, par Lavoisier, Condorcet, etc., présenté le 24 décembre 1783.

I

PREMIÈRES EXPÉRIENCES DE DIRECTION AÉRIENNE

Le ballon à rames de Blanchard. — Expériences de direction de
Guyton de Morveau. — Miolan et Janinet. — Le projet du géné-
ral Meusnier. — Études de Brisson. — Le premier ballon
allongé des frères Robert. — Le *Comte d'Artois*, aérostat de
Javel. — L'aéro-montgolfière de Pilâtre de Rozier. — Masse et
Testu-Brissy.

Aussitôt que les frères Montgolfier eurent lancé
dans l'espace le premier ballon à air chaud, que
Pilâtre de Rozier et le marquis d'Arlandes eurent
exécuté, à la date du 21 novembre 1783, le premier
voyage aérien, que Charles et Robert, quelques jours
après, le 1er décembre, se furent élevés du jardin
des Tuileries dans le premier ballon à gaz hydrogène, on songea à se diriger dans l'atmosphère. Dès
1783, l'année même de la découverte, les projets
surgirent, et, en 1784, nous n'allons pas avoir à
enregistrer moins de cinq tentatives distinctes.

Blanchard est le premier en date. L'aviateur que
nous avons vu dans la première partie de ce livre
expérimenter les ailes de sa voiture volante, devint
un des plus fervents disciples des frères Montgol-

fier; il songea à appliquer aux ballons son système
de rames et conçut un système de direction très
élémentaire. C'était un ballon sphérique, à gaz
hydrogène, dont l'appendice portait un parachute :
on pouvait manœuvrer dans la nacelle, deux ailes
ou rames et un gouvernail (fig. 42).

Ce système ressemblait beaucoup à sa voiture
volante, dont la curieuse caricature de la première
Partie représente l'aspect d'ensemble. Blanchard
avait, comme on le voit, appliqué à la nacelle d'un
ballon à gaz les ailes et le parachute de son appareil
d'aviation. C'est avec beaucoup de bon sens qu'il
rendit hommage à la découverte des frères Montgolfier, et dans une lettre insérée dans le *Journal de
Paris*, il convint de bonne grâce, qu'il ne se serait
jamais élevé dans l'air sans les ballons.

L'ascension de Blanchard eut lieu au Champ-de-
Mars le 2 mars 1784; elle fut signalée par un inci-
dent curieux. Un jeune officier de l'école de Brienne,
Dupont de Chambont, voulut monter de force dans
la nacelle, et ayant tiré son épée, il blessa l'aéronaute à la main. Blanchard dut laisser ses ailes à
terre : il n'emporta que son gouvernail et descendit à Billancourt. Il raconta qu'il avait opéré des
manœuvres particulières, et qu'il avait réussi à
marcher contre le vent[1] en manœuvrant l'appendice de l'aérostat, mais rien ne justifie ces affirmations : on se moqua de l'aéronaute, et des dessins satiriques furent faits contre lui. Blanchard,
hâtons-nous de l'ajouter pour sa mémoire, se releva dignement de cet échec; il eut l'honneur de

traverser pour la première fois le détroit du Pas-
de-Calais en ballon, avec le Dr Jeffries, et il exécuta
plus de cinquante ascensions qui font de lui un des
premiers aéronautes français.

Au moment où ces expériences de Blanchard

Fig. 42. — Aérostat dirigeable de Blanchard (1789).

attiraient l'attention publique, un officier du génie
d'un grand mérite, le général Meusnier[2], étudiait

1. *Première suite de-la description des expériences aérostatiques
de MM. de Montgolfier*, par M. Faujas de Saint-Fond. Tome second, 1 vol. in-8°. Paris, 1784. — Compte rendu par M. Blanchard,
p. 170.

2. Quelques écrivains modernes ont écrit Meunier. C'est par

la construction d'un ballon allongé muni d'un propulseur, et Brisson, membre de l'Académie des sciences, se préparait à exposer nettement les conditions du problème de la direction des aérostats. Nous allons parler, un peu loin, des travaux de ces savants, qui ont jeté les premières bases de la navigation aérienne, mais nous voulons auparavant continuer ici l'énumération des essais qui ont été entrepris à l'aide des ballons sphériques.

Le 12 juin 1784 on vit s'élever, à Dijon, l'appareil dirigeable construit sous les auspices de Guyton de Morveau, par les soins de l'Académie de Dijon. Le célèbre physicien avait imaginé de fixer à l'équateur d'un aérostat sphérique, un cercle de bois, portant d'une part, deux grandes tablettes de soie tendue sur un cadre rigide, et d'autre part, un gouvernail. En outre, deux rames placées entre la *proue* et le *gouvernail* étaient destinées à battre l'air comme les ailes d'un oiseau (fig. 43). Tous ces organes se manœuvraient à l'aide de cordes, par les aéronautes dans la nacelle. C'est avec ces moyens d'action que Guyton de Morveau, de Virly et l'abbé Bertrand essayèrent de se diriger dans les airs ; les expériences furent continuées longtemps, avec une grande persévérance, mais sans aucun succès. L'Académie de Dijon, on doit le reconnaître, ne recula, pour les mener à bonne fin, devant aucune dépense[1].

erreur. Hugues-Alexandre-Joseph Meusnier, né dans le Roussillon le 23 septembre 1758, mourut à Poitiers après une magnifique carrière militaire, en 1851.

1. *Description de l'aérostat « l'Académie de Dijon »*. A Dijon. 1 vol. in-8° avec planches, 1784.

Fig. 45. — L'aérostat dirigeable *l'Académie de Dijon*,
expérimenté par Guyton de Morveau en 1784,

Pendant que ces essais s'exécutaient à Dijon, on ne parlait à Paris que de la montgolfière dirigeable de deux physiciens, l'abbé Miolan et Janinet. Le système consistait en un grand écran en forme de

Fig. 44. — La Montgolfière dirigeable de Miolan et Janinet.

queue de poisson, que les aéronautes devaient actionner dans la nacelle, à la façon d'une godille (fig. 44).

Les infortunés physiciens essayèrent de gonfler

leur montgolfière le 11 juillet 1784[1], ils n'y réus-
sirent point ; la foule envahit l'enceinte de manœuvre,
brisa tout autour d'elle, pendant que le feu dévorait le globe aérien. Miolan et Janinet furent l'objet
d'une raillerie sans pitié ; on les ridiculisa dans les
estampes, et je possède dans ma collection aérostatique quelques curieuses caricatures à ce sujet,
notamment une gravure qui représente l'abbé Miolan sous la forme d'un chat, Janinet sous celle
d'un âne, triomphalement traînés par des baudets
et conduits à « l'Académie de Montmartre ».

De toutes parts on songeait à diriger les ballons,
et tandis que Miolan et Janinet échouaient d'une
façon si pitoyable, les frères Robert allaient expérimenter le premier aérostat allongé.

L'idée de ce mode de navigation appartient,
comme nous l'avons dit précédemment, au général
Meusnier, membre de l'Académie des sciences. Le
général Meusnier, dans un remarquable mémoire, a
jeté les bases de la navigation aérienne par les
aérostats à hélice, et il a eu la première idée du
ballonnet compensateur qui permet de monter et de
descendre sans perdre de gaz et sans jeter de lest.

Voici le sommaire de ce que contient le travail
de Meusnier.

Le savant officier du génie avait imaginé un
aérostat à double enveloppe. L'hydrogène est con-

---

1. Dans la plupart des traités d'aérostation, la date de cette tentative est fixée en juillet 1785, mais les nombreuses gravures et
caricatures que j'ai dans ma collection portent toutes la date du
11 juillet 1784 ; c'est cette dernière date que je crois exacte.

tenu dans le ballon intérieur formé de soie rendue imperméable par un vernis au caoutchouc. Cette enveloppe doit être aussi légère qu'il est possible, plus grande que le volume du gaz qu'elle contient, en sorte qu'elle ne soit jamais complètement tendue à la partie inférieure. On la nomme enveloppe *imperméable*. La seconde enveloppe, dite de *force*, peut être de toile et d'autant plus épaisse que l'aérostat est plus grand ; on la fortifie encore à l'extérieur par un réseau de cordes. Elle doit être imperméable à l'air atmosphérique comprimé. On laisse entre les deux enveloppes un assez grand espace dont nous allons voir l'usage.

Un tuyau de même tissu que l'enveloppe de force fait communiquer cette enveloppe avec une pompe foulante établie dans la nacelle. On peut, au moyen de cette pompe, comprimer l'air entre les deux enveloppes et augmenter ainsi la pesanteur spécifique du système. Comme l'enveloppe est disposée pour n'être presque pas extensible et comme les cordes dont elle est enveloppée extérieurement ne lui permettent pas de se déformer, on peut regarder le volume de l'aérostat comme à peu près invariable, tandis que son poids augmente ou diminue en raison de la densité moyenne des deux gaz qu'il contient. Ces gaz, séparés l'un de l'autre par l'enveloppe imperméable, sont constamment en équilibre de part et d'autre de cette enveloppe, qui, n'étant jamais tendue et ne supportant aucun effort, peut être du tissu le plus mince et le plus léger. Aussi, lorsque les aéronautes sont à une grande hauteur, il leur suffit, pour descendre, de faire agir la pompe foulante, tout le poids de l'air atmosphérique qu'ils introduisent entre les deux enveloppes, est ajouté à celui de l'aérostat, qui ne peut plus rester en équilibre que dans une couche plus dense, et par conséquent située à des niveaux inférieurs.

Quand on veut s'élever, il suffit d'ouvrir une soupape, et de laisser échapper l'air atmosphérique comprimé entre les deux enveloppes. Pour descendre à nouveau, on rétablit la compression de l'air et ainsi de suite indéfiniment.

L'aérostat du général Meusnier était de forme allongée, comme le montre la gravure ci-contre (fig. 45), empruntée à son mémoire. Le moteur consistait en palettes analogues aux ailes d'un moulin à vent et fixées à un axe horizontal que les hommes d'équipage devaient faire tourner. Meusnier calculait que ce propulseur à bras d'homme, ne procurerait qu'une marche assez lente de l'aérostat, à peu près une lieue à l'heure, mais, suivant le savant officier, le mouvement de translation ne devait servir, en le combinant avec le mouvement ascensionnel, qu'à chercher dans l'atmosphère un courant qui portât les aéronautes vers les lieux où ils voulaient se rendre. Il n'avait pas le projet de les conduire à leur destination par la seule action du propulseur.

L'aérostat du général Meusnier était muni d'un gouvernail à l'arrière de la nacelle allongée, et d'une ancre pour l'atterrissage. Il devait être d'un grand volume, afin d'avoir une force ascensionnelle considérable et un équipage nombreux. Le mémoire du

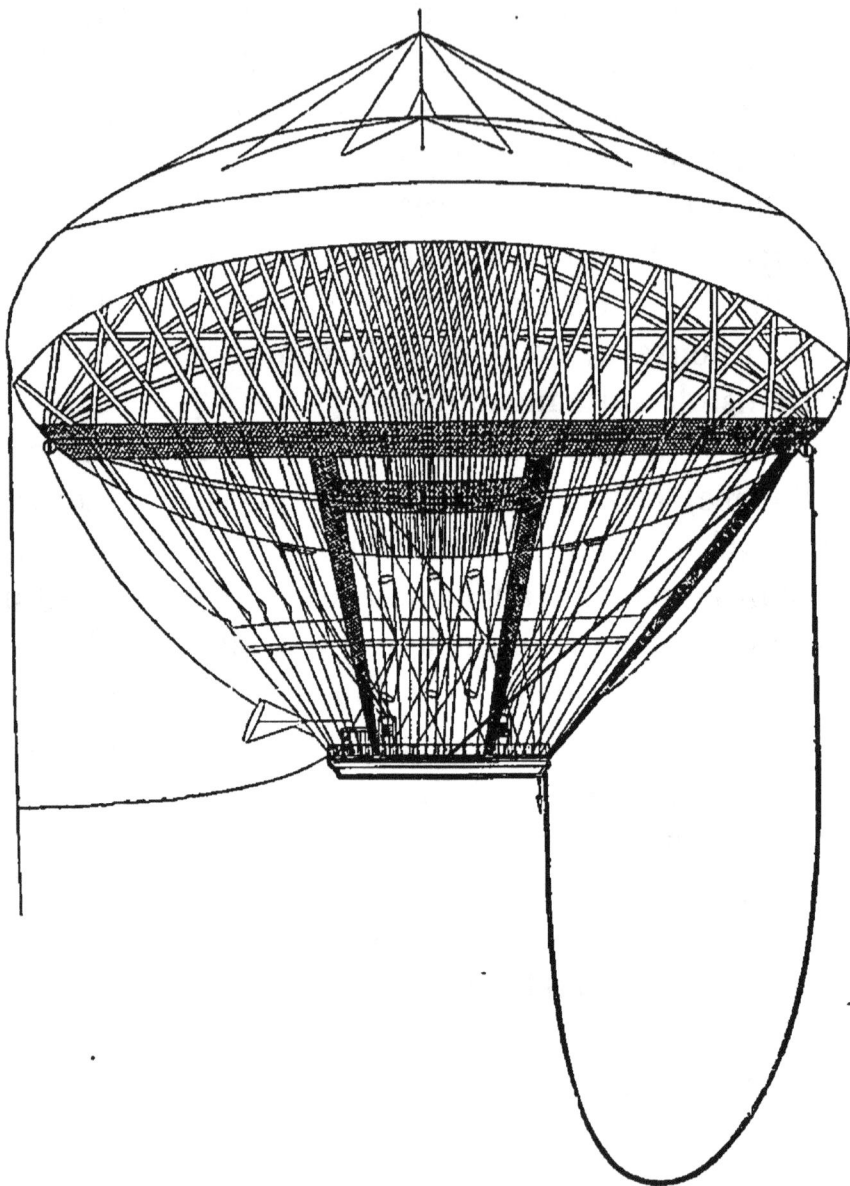

Fig. 45. — Projet d'aérostat dirigeable du général Meusnier (1784).

général Meusnier est un des plus curieux documents
de l'histoire de la navigation aérienne à ses débuts.

Un autre membre de l'Académie des sciences, homme d'un grand mérite et d'une haute érudition, Brisson, qui rédigea le 23 décembre 1783, avec Le Roy, Tillet, Cadet, Lavoisier, Bossut, de Condorcet et Desmarest, le célèbre *Rapport sur la machine aérostatique par MM. Montgolfier*, insista aussi à cette époque sur l'importance de la forme allongée, à donner aux ballons pour les diriger.

Le 24 janvier 1784, Brisson lut à l'Académie des sciences un mémoire additionnel dont il était le seul auteur, *sur la direction des aérostats*, et il émit d'excellentes idées sur ce problème.

La forme qui me paraît la plus convenable à adopter, dit Brisson, est celle d'un cylindre qui ait peu de diamètre et beaucoup de longueur; par exemple une longueur qui égale cinq ou six fois le diamètre; que ce cylindre soit placé de manière que son axe soit horizontal, et qu'il soit terminé en cône allongé à celle de ses extrémités qui doit se présenter au vent, afin d'éprouver de sa part une moindre résistance.

Brisson indique que dans ces conditions, il sera ndifférent d'appliquer à la machine telle ou telle force motrice, pourvu qu'elle soit capable de vaincre celle du vent. « Mais où trouverons-nous cette force motrice, capable de vaincre celle du vent? J'avoue que je commence à en désespérer », ajoute le savant académicien. Brisson parle de la force humaine actionnant des rames, assurément insuffisante, et il ne semble pas supposer que, dans l'avenir, apparaîtront de nouveaux moteurs qui pourront changer la face du problème. Il ajoute que le judicieux emploi des courants aériens superposés dans l'atmosphère pourra être souvent utilisé.

On sait, dit Brisson[1], et les expériences qu'on a faites avec les aérostats ont prouvé qu'il y a dans l'atmosphère, à différents hauteurs, des courants qui ont des directions différentes. M. Meunier (*sic*), de l'Académie des sciences, a donné le moyen simple de se soutenir à telle hauteur qu'on voudra, en comprimant plus ou moins le gaz renfermé dans l'aérostat. Ce moyen consiste à composer l'aérostat d'une double enveloppe : on remplit l'enveloppe intérieure de gaz inflammable, et lorsqu'on veut comprimer cette masse de gaz, on fait passer, par le moyen d'un soufflet à soupape, de l'air atmosphérique entre les deux enveloppes, ce qui rend la machine plus pesante et l'oblige à descendre. Si l'on veut remonter, on permet à cet air de sortir : le gaz reprend alors son premier volume et perd l'excès de densité qu'on lui avait fait acquérir en le comprimant. Si donc il y a, comme nous venons de le dire, à différentes hauteurs, des courants qui ont des directions différentes, on pourrait choisir celui de ces courants qui aurait la direction la plus rapprochée de la route qu'on voudrait suivre. De cette manière, on arriverait au terme de son voyage par des chemins pris successivement à différentes hauteurs de l'atmosphère. Par ce moyen on éviterait toute la manœuvre nécessaire à la direction : l'aérostat serait beaucoup moins chargé et il n'aurait pas besoin d'être d'un aussi grand volume pour produire l'effet qu'on en attend. Si tous ces moyens sont insuffisants, il faudrait se résoudre à faire comme les marins, attendre que le vent soit favorable.

1. *Observations sur les nouvelles découvertes aérostatiques et sur la probabilité de pouvoir diriger les ballons.* 1. broch. in-8°, 1784.

On a souvent discuté dans ces derniers temps pour savoir à qui appartenait, parmi les contemporains, la première idée des aérostats allongés ; on voit qu'elle remonte à l'origine même de la découverte des ballons. Nous allons examiner ici le premier point que Brisson a si bien exposé dans son mémoire et parler de la première expérience d'aérostat allongé qui ait été exécutée. Nous reviendons dans la suite sur la direction naturelle des aérostats par les courants aériens.

Les frères Robert construisirent leur ballon allongé dans le palais de Saint-Cloud, sous les auspices de M. le duc de Chartres, père du futur roi Louis-Philippe ; cet aérostat de taffetas, enduit de gomme élastique et de vernis imperméable, avait 52 pieds de long sur 32 de diamètre ; gonflé d'hydrogène pur, il était muni à sa partie inférieure d'une nacelle, ou *char*, comme on disait à cette époque, de 16 pieds de long. Ce char était d'un bois très léger, couvert d'un taffetas bleu de ciel, soutenu intérieurement par un filet. Cinq parasols ou ailes de taffetas bleu en forme de rames, devaient servir de propulseurs. Une grande rame rectangulaire placée à l'arrière jouait le rôle de gouvernail ou de godille (fig. 46).

Une première ascension fut exécutée le 15 juillet 1784 ; le départ se fit dans le parc de Saint-Cloud. Le duc de Chartres accompagnait lui-même les aéronautes, mais, par suite de circonstances peu favorables, il ne fut pas possible d'expérimenter les appareils de propulsion.

Une nouvelle expérience eut lieu à Paris, le

Fig. 46. — Le premier aérostat allongé des frères Robert.
Expérience du 15 juillet 1784. (D'après une ancienne gravure.)

19 septembre 1784, et les aéronautes affirment qu'elle eut le succès *le plus complet*, puisqu'ils seraient arrivés à se dévier de 22 degrés de la ligne du vent. Le ballon fut rempli en trois heures par M. Vallet; après les signaux donnés, il fut conduit à onze heures trente minutes à l'estrade construite sur le bassin du jardin des Tuileries, en face le château; les cordes furent tenues par le maréchal de Richelieu, le maréchal de Biron, le bailli de Suffren et le duc de Chaulnes. La machine s'éleva à onze heures cinquante minutes, aux acclamations multiples d'une foule considérable. Les voyageurs, au nombre de trois, les deux frères Robert et Collin Hullin leur beau-frère, disparurent à midi, au delà des brumes de l'horizon. Au moment de la descente, qui eut lieu à six heures quarante minutes dans l'Artois, les voyageurs s'emparèrent des rames, qu'ils firent fonctionner de toute leur force.

Nous rompîmes, disent les frères Robert, l'inertie de la machine, et nous parcourûmes une ellipse dont le petit diamètre était d'environ 1000 toises. Outre le spectre (ombre) de notre machine sur le sol, nous avions encore pour objet de comparaison les différentes pièces de terre, très distinctes les unes des autres, séparées par des lignes droites.

Les expérimentateurs calculèrent qu'ils purent obtenir une déviation de 22 degrés de la ligne du vent. La descente eut lieu dans des conditions très remarquables ; nous laisserons à ce sujet la parole aux aéronautes :

A quelque distance d'Arras, nous aperçûmes un bois assez considérable : nous n'hésitâmes point de le traverser, quoiqu'il n'y eût presque plus de jour à terre, et en vingt minutes nous fûmes portés d'Arras dans la plaine de Beuvry, distante d'un quart de lieue de Béthune en Artois. Comme nous n'avions pu juger dans l'ombre le corps d'un vieux moulin sur lequel nous allions porter, nous nous en éloignâmes avec le secours de nos rames, et nous descendîmes au milieu d'une assemblée nombreuse d'habitants ; ils ne furent point effrayés de voir notre machine, attendu que M. le prince de Ghistelles-Richebourg, protecteur et amateur zélé des sciences, venait de faire ce jour même une expérience dont ils avaient été témoins. Ce prince nous aborda avec le prince son fils ; ils nous demandèrent notre nom, et nous offrirent de nous rendre avec notre machine à leur château. Nous fîmes tous nos efforts pour conduire notre machine dans le parc du château, à l'aide de tous les habitants du canton, qui se prêtèrent à nous obliger, et à conserver nos machines avec un zèle et une joie qu'il est difficile de peindre... M. le prince de Ghistelles nous fit l'honneur de nous accueillir en son château avec une bonté dont nous ressentons d'autant mieux le prix, qu'il nous est plus impossible de la rendre[1] (fig. 47).

Telle est l'expérience qui fut entreprise vers la fin de l'année 1784, à l'aide du premier aérostat allongé muni de propulseurs à rames.

Si l'idée de ce mode de navigation aérienne date de l'origine de la découverte des ballons, on a vu que celle d'utiliser les courants aériens n'est pas moins ancienne.

Pendant que les curieuses expériences des frères

1. Mémoire sur les expériences aérostatiques faites par MM. Robert frères, in-4°. Paris, 1784.

Robert s'accomplissaient, deux expérimentateurs persévérants, Alban et Vallet, directeurs d'une grande usine de produits chimiques, préparaient, dans l'établissement qu'ils dirigeaient à Javel, la confection d'un ballon dont la nacelle était munie d'un propulseur formé de quatre grandes ailes,

Fig. 47. — Le premier aérostat allongé des frères Robert, devant le château du prince de Ghistelles : expérience du 19 septembre 1784.
(D'après une ancienne gravure.)

rappelant la roue à aube d'un navire (fig. 48). Ce ballon, construit sous les auspices du comte d'Artois, avait reçu le nom de celui-ci. D'après les inventeurs, il paraît qu'il se dirigea par un temps calme. Voici quelques passages de la description qu'Alban et Vallet ont donnée de leur expérience :

Ce n'a été que vers la fin d'avril 1785 que nous avons eu pendant quelques jours un temps presque calme jusqu'au lever du soleil; nous en avons profité. Nous avions adapté un moulinet à la proue de la gondole, et à la poupe une aile, posée verticalement pour servir de gouvernail; le premier objet était de savoir si nous parviendrions avec ces machines à déplacer le ballon, et à lui imprimer un mouvement qui pût vaincre la résistance que sa surface devait éprouver.

Les auteurs racontent que dans d'autres expériences, il ont eu recours à des rames, et qu'ils essayèrent notamment ce nouveau système le 5 mai, jour de l'Ascension.

Nous reconnûmes, disent Alban et Vallet, que posées perpendiculairement, l'une à droite, l'autre à gauche, et mues alternativement, elles nous chassaient en avant plus promptement encore que le moulinet et qu'elles nous donnaient la facilité de retourner l'aérostat sur tous les sens à volonté.... Par les moments de calme, nous nous sommes promenés dans l'enceinte de notre manufacture, et nous en avons fait plusieurs fois le tour à volonté.

Plusieurs voyages aériens furent encore exécutés par Alban et Vallet, quelquefois accompagnés du comte d'Artois lui-même, le futur roi Charles X; et d'après les expérimentateurs quelques tentatives de direction furent couronnées de succès.

Le récit de ces résultats si heureux nous paraît assurément exagéré. Il est possible que par un temps absolument calme, les aéronautes aient obtenu une direction de leur aérostat, mais on ne saurait admettre qu'il y avait là le principe de la

Fig. 48. — Le *Comte d'Artois*, aérostat de Javel (1785).

navigation aérienne. Si l'on se reporte à cette
époque des débuts de l'aéronautique, on se rendra

compte de l'insuffisance absolue des moyens d'action dont on pouvait disposer. La machine à vapeur n'existait pas dans le domaine de la pratique, et aucun moteur mécanique ne fonctionnait encore; l'hélice, qui est le plus favorable des propulseurs, n'était pas encore appliquée, et la force de l'homme était la seule à laquelle il fût possible de recourir.

Le grand problème de la direction des aérostats occupait cependant tous les esprits, car on considérait alors la solution comme prochaine. Joseph Montgolfier étudiait un aérostat à propulseur, il voulait lui donner une forme lenticulaire, afin de faciliter son passage au milieu de l'air[1], mais il ne mit jamais ce projet à exécution. L'intrépide Pilâtre de Rosier s'occupait de construire son aéro-montgolfière, au moyen de laquelle il voulait tenter ce passage de la Manche de France en Angleterre, que Blanchard avait réussi à exécuter en sens inverse, en compagnie du Dr Jeffries (janvier 1785). Pilâtre voulait monter et descendre dans l'atmosphère, sans perdre de gaz et sans jeter de lest, afin d'aller à la recherche de courants aériens favorables. Il avait imaginé de placer une montgolfière cylindrique, sous un aérostat de gaz, afin d'augmenter ou de diminuer à volonté la force ascensionnelle en chauffant ou en laissant refroidir le système. L'idée théorique était bonne, mais son exécution était difficile et dangereuse : placer le feu sous un ballon à gaz combustible, c'est, comme on l'a dit, mettre la

1. D'après les papiers manuscrits et inédits de la famille de Montgolfier. Communiqué par M. Laurent de Montgolfier.

mèche enflammée sous un baril de poudre. Pilâtre
de Rosier, accompagné d'un jeune physicien nommé
Romain, exécuta son expérience dans des conditions
déplorables, avec un appareil en mauvais état.
Il avait reçu des fonds du ministre, M. de Calonne,
pour réaliser son essai, il croyait son honneur engagé; il partit avec Romain, qui n'avait pas voulu
l'abandonner. L'aéro-montgolfière, sans qu'on ait
jamais connu la vraie cause de la catastrophe, fut
précipitée du haut des airs; elle tomba sur le rivage,
où les infortunés aéronautes trouvèrent la mort,
premiers martyrs de la navigation aérienne.

De toutes parts on élaborait des projets d'aérostats dirigeables; c'est par centaines que l'on pourrait les mentionner. Je me bornerai à en citer un qui
attira l'attention à cette époque, et que l'on doit
à un architecte nommé Masse.

Masse, comme un grand nombre d'autres observateurs, était persuadé qu'un propulseur efficace
pour un aérostat, devait être copié sur le modèle
de ceux que l'on voit fonctionner dans la nature,
et qui sont mis en mouvement par les animaux.
Ce ne furent pas les nageoires du poisson qui lui
servirent de modèle, mais les doigts palmés du
cygne. Voici comment l'auteur explique son système, non sans commettre une grave erreur, en
comparant un oiseau aquatique qui *flotte à la surface de l'eau* à un ballon qui est *immergé* dans
la masse de l'air.

Un cygne se trouvant porté par l'eau tel qu'un ballon

l'est par l'air, et qui remonte le courant d'eau par le
moyen de ses petites pattes qu'il reploie et développe
quand il veut avancer; M. Masse a cherché à imiter ces
sortes de pattes, et y a parfaitement réussi dans un modèle de sa machine qu'il a fait faire au quart de l'exé-

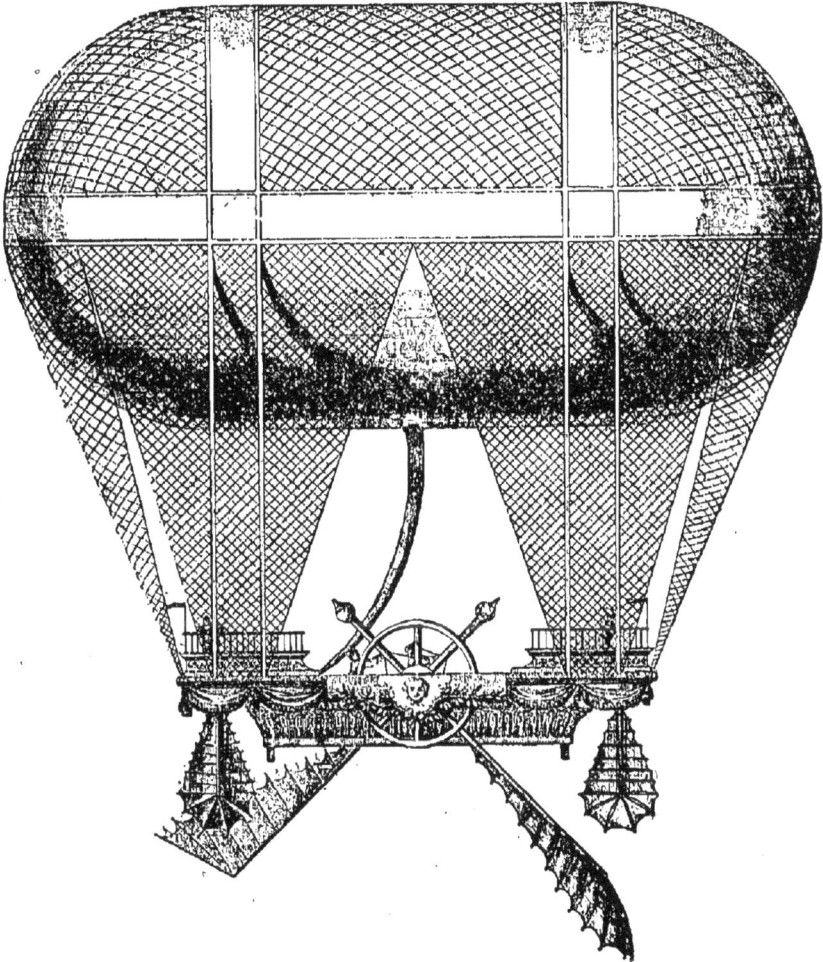

Fig. 49. — Projet d'aérostat dirigeable de Masse (1785).

cution et qui ne pèse que cinquante livres : les pattes
du modèle sont assez grandes pour en sentir tous les
effets et la réussite[1].

1. de Extrait la légende gravée au bas de la gravure que nous

Le ballon avait à peu près la forme allongée de celui des frères Robert, il devait avoir 20 mètres de long, 10 mètres de diamètre. Outre les propulseurs que l'on devait actionner au moyen d'une roue, il y avait, à chaque extrémité de la nacelle, deux gouvernails « aussi en forme de pattes ».

L'aérostat à pattes de cygne ne fut jamais construit.

Les tentatives de Blanchard, des frères Robert, d'Alban et de Vallet, que l'on pouvait croire alors couronnées de succès, déterminèrent les aéronautes, même quand ils employaient des ballons sphériques, à se pourvoir de rames de propulsion qu'ils actionnaient eux-mêmes. A cette époque, où

Fig. 50.—Coupe longitudinale de la nacelle.

l'on n'avait pas encore étudié d'une façon précise les courants superposés dans l'atmosphère, on pouvait s'imaginer, dans certaines circonstances spéciales, que l'action des rames tendait en effet à modifier le sens de translation de l'aérostat, tandis que celui-ci était en réalité entraîné par des courants aériens superposés ou par un vent dont la vitesse augmentait subitement.

C'est probablement ce qui arriva au docteur Potain, qui s'éleva en ballon, de Dublin en Irlande

reproduisons (fig. 49 et 50). Cette gravure, qui n'a pas moins de 0m,46 de hauteur, porte la mention suivante : « Se vend à Paris, chez l'auteur, rue de la Monnoie, la porte cochère en face de la rue Boucher, au fond de la cour. »

le 17 juin 1785, dans l'intention de traverser le
canal Saint-Georges pour descendre en Angleterre. Le
docteur Potain tenta de traverser ce bras de mer,
mais il ne réussit pas dans son expérience, contrai-
rement à ce que l'on a souvent dit, d'après les
affirmations de Dupuis-Delcourt[1]. Voici, en effet, un
extrait du récit de l'époque, publié par le docteur
Potain lui-même[2] :

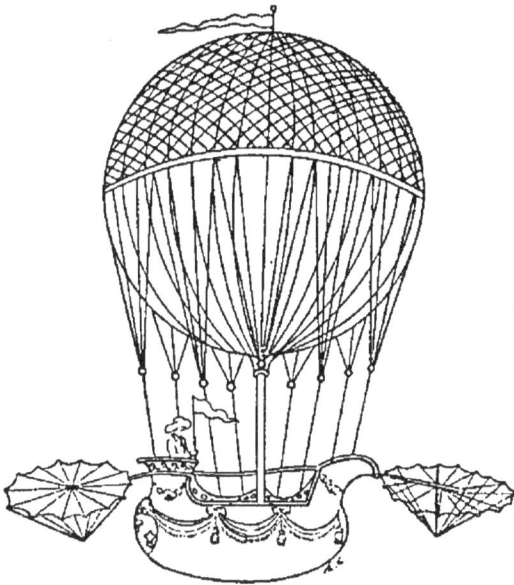

Fig. 51. — Ballon à rames de Testu-Brissy.

Le ballon prit d'abord la direction du nord-est; mais,
remontant ensuite un courant d'air supérieur, il changea aussitôt et fit marche presque en sens contraire, ce
qui le fit paraître pendant quelque temps s'avançant à
pleines voiles vers la mer; mais, s'élevant à une hau-

---

1. *Nouveau manuel complet d'aérostation*, par Dupuis-Delcourt,
un vol. in-32, avec planches. Paris, librairie Roret, 1850.

2. Voy. *Relation aérostatique dédiée à la nation irlandaise*, par
le docteur Potain, in-4, Paris, 1824.

teur plus considérable, il changea de nouveau de direction et prit celle du nord. Il demeura dans cette position pendant plus de trois quarts d'heure, paraissant faire route au-dessus des contrées de Wikols et de Worford, jusqu'à ce qu'enfin il ne fut plus possible à l'œil de le suivre. Le docteur Potain dut être extrêmement mortifié de se voir frustré de l'espérance qu'il avait eue que son ballon se dirigerait vers la mer, ayant toujours témoigné la plus grande envie qu'il prît cette direction pour avoir la gloire de passer le canal et de descendre en Angleterre.

Si le docteur Potain ne traversa pas la mer, il se dirigea vers la mer, et suivit ensuite à différentes altitudes des routes opposées. Il n'en fallait pas plus pour faire dire que les ailes dont la nacelle était munie, avaient été efficaces. Mais il n'en fut rien. Voici ce que l'expérimentateur en a dit :

Mes ailes avaient du rapport avec celles de Blanchard, sans être aussi compliquées, et d'une manœuvre plus facile ; mon moulinet, en le faisant agir, prenait l'air en biais, et je tournais sur mon axe. Ces évolutions, faites à l'aide du ballon, ont réussi : le gouvernail ne servait que d'enjolivement, la direction n'étant point trouvée, cependant je l'avais annoncée, et je l'ai tentée sans succès.

On voit d'après ce passage, d'ailleurs un peu confus, que les appréciations élogieuses qui ont été faites des expériences du docteur Potain, ne sont pas jusfiées, et que son ascension ne doit attirer l'attention que parce qu'il rencontra des courants aériens de différentes directions.

A côté du nom de Potain, nous devons placer celui du comte Zambeccari, qui exécuta plusieurs tentatives de direction aérienne au moyen de rames, et à l'aide d'un système ascensionnel analogue à celui que Pilâtre de Rozier proposa, et qui consistait à joindre une montgolfière à un ballon à gaz. Zambeccari exécuta de remarquables voyages aériens, mais il ne réussit en aucune façon dans ses essais de direction.

Un nouveau venu allait bientôt se présenter encore sur la scène de l'aéronautique; nous voulons parler de Testu-Brissy, qui exécuta, à partir de l'année 1786, un grand nombre de voyages aériens. Sa nacelle était munie de rames d'une forme particulière (fig. 51), à l'instar de celle de Blanchard, dont il fut momentanément un des émules. Il ne tarda pas à inaugurer les ascensions équestres, et il s'éleva plusieurs fois dans un ballon allongé, au-dessous duquel la nacelle, en forme de plateau rectangulaire, soutenait Testu-Brissy, monté sur un cheval. Ces exercices d'aérostation publique devaient être plus tard renouvelés par l'aéronaute Poitevin. Ils n'offrent point d'intérêt pour notre étude de navigation aérienne.

II

LES BALLONS A VOILES

Conditions de translation d'un aérostat dans l'air. — Il n'y a pas
de vent en ballon. — Erreur des auteurs de projets de ballons
à voiles. — Tissandier de la Mothe. — Martyn. — Guyot. — Le
véritable navigateur aérien. — La *Minerve* de Robertson. —
Terzuolo et le vent factice.

Quand un ballon, dépourvu de tout propulseur,
est en équilibre dans l'air et se déplace horizontalement par rapport à la surface du sol, il se trouve,
relativement à l'air ambiant au sein duquel il est
plongé, dans la plus complète immobilité. Il n'a
aucun mouvement qui lui soit propre; ce n'est pas
lui qui marche; c'est la masse d'air au milieu
de laquelle il est immergé et comme enclavé.
Tout est immobile autour de l'aéronaute quand il
se trouve à une même altitude; son drapeau n'est
pas agité, il ne sent pas l'action du vent, quand bien
même le courant aérien dans lequel il est baigné,
l'entraînerait avec une grande vitesse. Comme l'a
dit un praticien expert, des bulles de savon qu'il
poserait devant lui sur une planchette, y resteraient
dans un état de repos complet, et la flamme d'une

bougie n'y vacillerait pas. Le ballon est exactement dans les mêmes conditions, par rapport au courant aérien où il est plongé, qu'une boule de bois qui serait lestée dans le courant d'un fleuve ; cette boule avance, mais ce n'est pas elle qui marche, c'est l'eau dans laquelle elle est plongée.

On voit donc combien il est illusoire d'admettre que des voiles pourraient avoir la moindre influence sur la propulsion d'un aérostat ; elles ne seraient jamais gonflées, par cette raison qu'il n'y pas de vent en ballon. Malgré l'évidence des faits, on ne saurait croire combien ont été nombreux les inventeurs qui ont proposé de munir les ballons de voiles, à l'instar des navires, auxquels cependant ils ressemblent si peu dans leur mode de translation. Nous avons résolu de faire connaître dans ce chapitre quelques-unes des propositions qui ont été faites à ce sujet, depuis l'origine même de la navigation aérienne ; nous y joindrons l'histoire de quelques autres utopies plus ou moins irréalisables, qui nous donneront l'occasion d'indiquer à nos lecteurs les écueils de l'imagination, quand elle n'est pas guidée par le raisonnement et la pratique.

Les archives de l'Académie des sciences sont encombrées de projets de ballons à voiles, et les écrits du temps des Montgolfier, sont remplis de systèmes analogues.

Nous reproduisons ici, à titre de curiosité, l'un des premiers mémoires qui aient été présentés à l'Académie des sciences à ce sujet. Par une singulière coïncidence, l'auteur, qui était, comme on va le voir, ancien secrétaire des vaisseaux du roi, portait le nom de l'auteur de ce livre.

Paris, ce 23 janvier 1784.

Messieurs,

Les imaginations échauffées par la sublime découverte de M. de Montgolfier s'occupent à chercher le moyen de la diriger : tout le monde semble comme défié de le trouver.

Voulez-vous bien, Messieurs, que j'aie l'honneur de vous présenter mes idées sur cette découverte, et sur la direction à volonté de ce globe aérostatique; ce projet conçu depuis quelques jours, mûrement examiné d'après les manœuvres dont j'ai acquis la connaissance sur les vaisseaux, m'ayant paru possible, je le soumets à votre décision ayant la plus grande confiance, fondée sur la vénération que vos sciences vous ont acquise de l'Europe dont vous êtes le flambeau.

J'ai l'honneur d'être avec un profond respect,
Messieurs,
Votre très humble et très obéissant serviteur,
TISSANDIER DE LA MOTHE,
ancien secrétaire des vaisseaux du Roy.

A Messieurs,

Messieurs les Académiciens préposés à l'Examen des Projets sur le globe aérostatique.

Le globe aérostatique voguant dans les airs au gré des vents comme un vaisseau vogue sur l'eau, et étant à son élément ce que le vaisseau est au sien, doit être dirigé par les mêmes principes et ce ne peut être que par le moyen de voiles qu'il faudrait ainsi que sur les vaisseaux pouvoir diriger à volonté afin de tenir une route certaine.

Six voiles en forme d'étoile de la grandeur du globe et dont le mouvement à volonté en parcourrait la circonférence, horizontalement, suffiraient déjà je pense pour le pousser à tous airs du vent.

Ce mouvement se ferait autour du globe par le moyen d'une baguette de cuivre attachée à un mât ou pivot placé au centre de la partie supérieure et descendrait en demi-cercle jusqu'au char ou gallerie pour être à portée des navigateurs qui en dirigeraient le mouvement à la main; cette baguette serait ajustée au mât, de manière à tourner à tous vents, enfin comme une girouette aurait la même facilité de tourner, mais serait retenue en bas dans une parfaite immobilité et ne deviendrait mobile que par la main des navigateurs.

Ce soleil ou étoile serait adapté au milieu de cette baguette et en suivrait la direction.

Comme le principe fondamental du globe Montgolfier est la légèreté même, les voiles seraient construites de la manière la plus légère, encore plus s'il est possible qu'un parapluie, et pourraient être tendues sur des fils de cuivre ou de fer, qui traceraient la forme de l'étoile ; d'ailleurs cette combinaison se ferait suivant la grandeur et la force du globe; plus il serait grand, plus les voiles seraient légères à proportion.

Ce soleil pousserait les voiles également de haut en bas, milieu et côtés, et la baguette sur laquelle il serait appuyé, se tiendrait un tant soit peu éloignée du globe, ou si cela n'était pas possible, en mettant une toile forte sous cette baguette, on pourrait la poser de manière à toucher le contour du globe et la toile éviterait un plus grand frottement de la part du grand conducteur et en dirigeant le mouvement on l'en écarterait.

Un triangle allongé en forme de queue de poisson placé au centre du soleil, ferait les mêmes fonctions qu'un gouvernail à bord d'un vaisseau et serait dirigé par le même procédé que le grand conducteur le serait au haut du globe.

Ces six voiles pourraient aussi être faites de façon à se replier l'une sur l'autre dans une tempête, celles du milieu de chaque côté pourraient être immobiles, et ce serait sur elles devant ou derrière que les autres se replieraient.

La pesanteur que ce soleil occasionnerait plus d'un côté que de l'autre suivant l'endroit où le globe se trouverait, serait contre-balancée par des poids qu'on mettrait dans la gallerie du côté opposé ou par le passage des navigateurs sous le vent, il faudrait cependant que le côté où le soleil serait placé fût plus lourd que l'autre, c'est du moins ainsi qu'on en use dans l'arrimage d'un vaisseau, où l'on met plus de poids sur le derrière que sur le devant.

Le soleil placé, le mouvement du conducteur libre, il sera très facile de diriger le globe Montgolfier et de tenir une route certaine à tous vents, vent arrière, vent largue, virer vent arrière même, vent devant et en général se servir du globe comme d'un vaisseau.

Ce serait donc à l'Académie si après avoir examiné ce projet, elle y voit comme moi de la possibilité, à en confier l'exécution à quelques habiles mécaniciens, qui par leur adresse le simplifieraient, avouant que ayant la théorie et n'étant point mécanicien, je n'en pourrai point donner d'idées précises suivant les règles de cet art et que c'est en qualité de marin que je vous présente ce projet, proposant que si l'exécution s'en ferait, de le diriger suivant les principes reçus sur mer.

Nous devons ajouter que l'Académie des sciences jugea à leur juste valeur les projets analogues de ballons à voiles, et les condamna sans hésiter, comme on va le voir par l'extrait suivant, que nous empruntons aux registres de l'Académie des sciences (séance du 17 mars 1784) :

Les Commissaires nommés par l'Académie pour examiner un mémoire envoyé par M. Tissandier de la Mothe, ancien secrétaire des vaisseaux du roi, en ont rendu le compte suivant.

Le moyen que M. Tissandier propose pour la direction des machines aérostatiques consiste en six voiles disposées en manière de rose ou de toile dont la construction et la manœuvre sont décrits d'une manière peu intelligibles. Quoi qu'il en soit, comme M. Tissandier pense que l'action du vent modifiée par ces voiles doit porter la machine suivant toutes sortes de directions à volonté, les raisons exposées dans le précédent rapport contre l'action des voiles en général suffisent pour démontrer que cette idée est fausse et que ce mémoire ne mérite aucune approbation.

Au Louvre, le 17 mars 1784.

Avant le projet de Tissandier de la Mothe, un Anglais nommé Martyn avait imaginé le système que nous reproduisons d'après une très jolie gravure peinte de l'époque (fig. 52). Cette gravure porte une double légende, en anglais et en français; l'auteur y donne la description de son vaisseau aérien, qui comprend :

Un parachute pour descendre aisément dans le cas où le ballon viendrait à crever; une voile principale, une avant-voile, une voile de gouvernail pour diriger la machine.

Une copie de ce dessin, lit-on au bas de la gravure, a été présentée à S. A. R. le prince de Galles en novembre 1783, et une autre à l'Académie des sciences de Lyon en février 1784, par Thomas Martyn, King street, Covent Garden, à Londres.

Les journaux de 1784 à 1786 sont remplis de projets analogues, et les libraires publiaient aussi un grand nombre de brochures sur l'art de diriger les ballons. Les ballons à voiles occupent une large place dans ces élucubrations d'inventeurs, qui

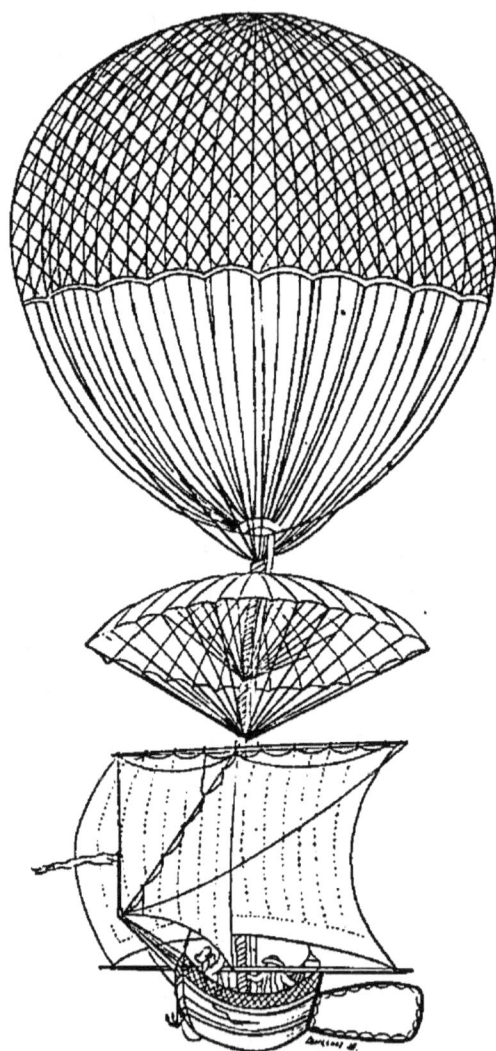

Fig. 52. — Ballon à voiles et à parachute de Martyn (1783).
(D'après une gravure de l'époque.)

n'avaient en aucune façon la pratique de l'art qu'ils voulaient perfectionner.

Un constructeur de petits ballons de baudruche

(ils avaient alors un très grand succès de la part des amateurs de physique), fit paraître une brochure qui eut un certain retentissement, sur la manière de diriger les ballons[1]. Guyot (c'est le nom de l'auteur) propose de donner à l'aérostat la forme ovoïdale que représente une des planches de

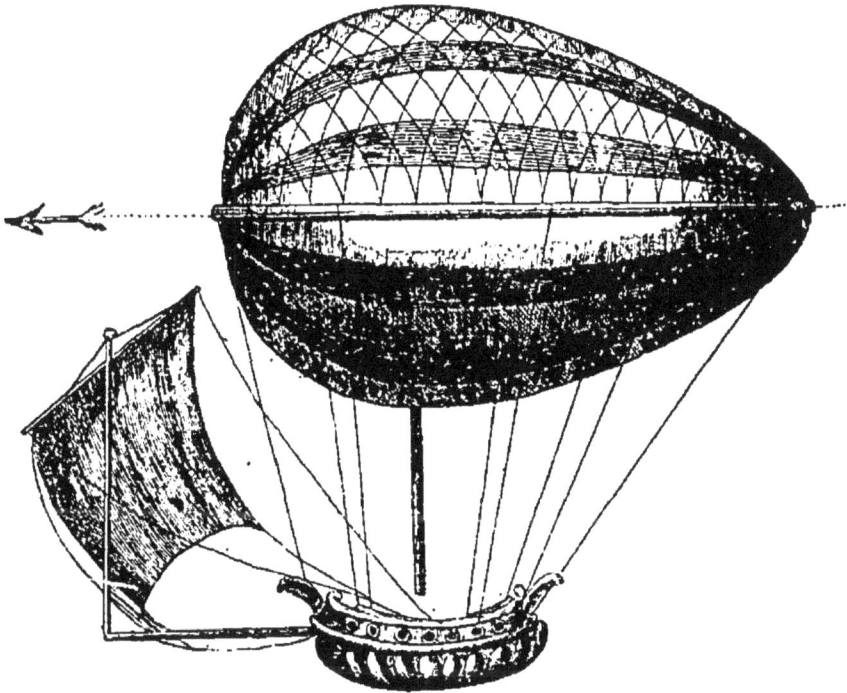

Fig. 55. — Ballon ovoïdal à voile de Guyot (1784).

son opuscule (fig. 55). Retombant dans l'erreur de ceux de ses contemporains qui se figuraient que le ballon peut être assimilé à un bateau, il munit la nacelle d'une voile et il s'exprime dans les termes suivants, dont le lecteur saura rectifier les erreurs :

1. *Essai sur la construction des ballons aérostatiques et sur la manière de les diriger*, par M. Guyot, 1 vol. in-4° avec planches. Paris, 1784.

Il est aisé de voir que suivant cette forme, l'aérostat
présentera toujours au vent le côté de l'ovale qui se termine en pointe.... A l'extrémité de la galerie, et en de-

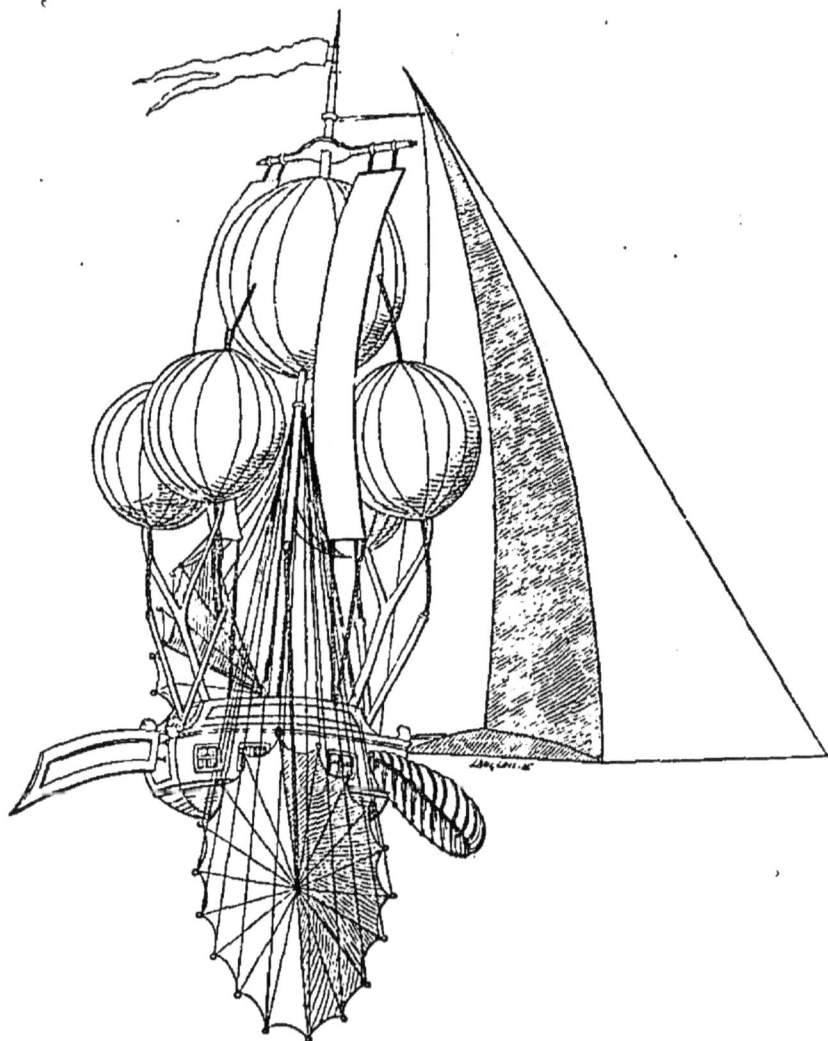

Fig. 54. — *Le véritable navigateur aérien.* (Reproduction
d'une gravure peinte de 1784.)

hors du côté où l'ovale a le plus de largeur, on établira
une voile soutenue par une perche ou mât; on attachera
à l'extrémité de cette voile quatre cordages pour la faire
mouvoir de côté ou d'autre à volonté.

L'auteur ne doute pas du succès de son appareil, et on est étonné de tant de naïveté de la part d'un physicien.

Que dire du projet suivant (fig. 54), pompeusement présenté à la même époque, comme la solution complète du problème de la navigation aérienne. L'auteur anonyme de ce système extravagant, en donne la description dans une gravure peinte que nous reproduisons, et qui est publiée sous le titre : *Le véritable navigateur aérien.*

Il y a cinq ballons, « composés de trois envelloppes », dit la légende explicative ; l'intérieure est de taffetas, l'autre de toile et la dernière de peau. Ces ballons enlèvent une sorte de navire qui a sept pieds de hauteur sur sept pieds de longueur ; cette nacelle est recouverte de toile et « garnie de vitrages ».

Deux ailes, de 60 pieds de longueur, ont une nervure qui les ploye pour favoriser l'ascension et qui leur donne à volonté une forme concave par le moyen d'une corde qui, étant arrêtée au centre du mât, sert à re= dresser les ailes au moment de la cadence.

L'auteur ajoute au bas de sa gravure l'observation suivante, qui donne les propriétés et les avan= tages de son appareil volant :

Ce globe, au moyen d'une mécanique très simple que l'auteur a inventée, et qu'un seul homme fait mouvoir très aisément, peut être dirigé dans tous les sens et même contre le vent. On peut le retenir à la hauteur qu'on désire et le faire monter et descendre à volonté sans perdre aucun gaz. Ce globe d'une construction nouvelle réunit encore plusieurs autres avantages qu'on reconnaîtra facilement à l'inspection et qu'il serait trop long de détailler ici. Il se propose d'exécuter son projet si l'on veut le faciliter.

N'est-ce pas sans doute pour se moquer de ces inventeurs de ballons à voiles que le célèbre physicien Robertson publia plus tard, en 1803, une brochure qui eut un grand succès[1], et dans laquelle il décrivit sous le nom de *la Minerve*, un immense ballon à voile de 50 mètres de diamètre, capable d'élever 72 000 kilogrammes et destiné à faire voyager dans tous les pays du monde « 60 personnes instruites choisies par les académies », pour faire des observations scientifiques et des découvertes géographiques.

Nous donnons à la page suivante le dessin de ce ballon gigantesque (fig. 55). Il suffit de le considérer pour voir que Robertson a voulu se jouer de son lecteur, ou plaisanter, comme nous venons de le dire, les inventeurs d'aérostats dirigeables. Nous donnons d'après lui la description suivante de l'appareil :

En haut de la machine est un coq, symbole de la vigilance : « un observateur intérieurement placé à l'œil de ce coq, surveille tout ce qui peut arriver dans l'hémisphère supérieur du ballon; il annonce aussi l'heure à tout l'équipage. »

1. *La Minerve*, vaisseau aérien, destiné aux découvertes et proposé à toutes les Académies de l'Europe par le physicien Robertson; 2e édition revue et corrigée. 1 broch. in-8°, avec 1 planche hors texte. Vienne, 1804. Réimprimé à Paris, chez Hoquet, en 1820.

Ce ballon enlève un navire qui réunit, dit l'inventeur, toutes les choses nécessaires. Il y a un grand magasin aux provisions, une cuisine, un labora-

Fig. 55. — *La Minerve*, grand navire aérien de Robertson (1803).

toire, une salle de conférences, un salon pour la musique, un atelier pour la menuiserie, enfin au-dessous du navire est « un logement pour quelques dames curieuses ». Ce pavillon, ajoute Robertson, est éloigné du grand corps de logis, « dans la crainte de donner des distractions aux savants voyageurs ».

N'avais-je pas raison de prévenir le lecteur que

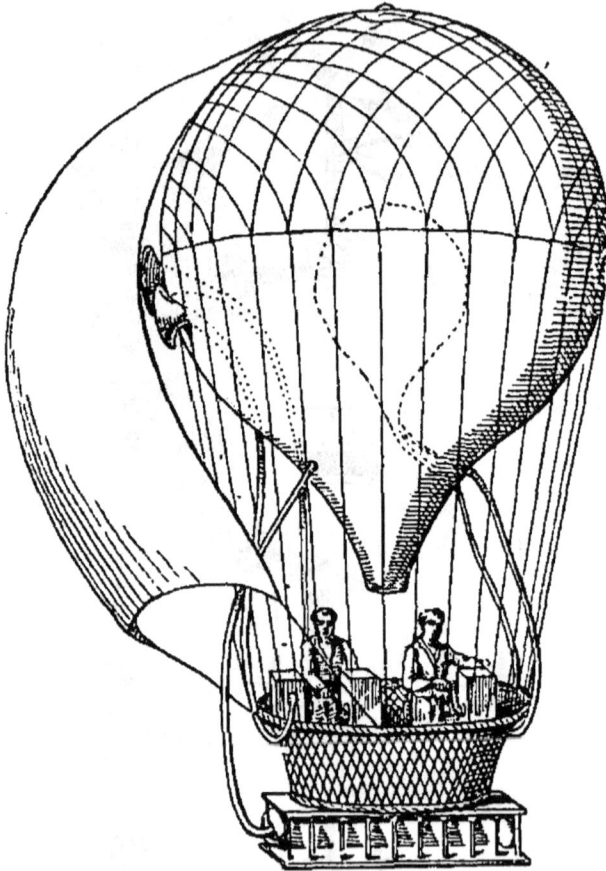

Fig. 56. — Voile de direction d'un ballon gonflée par un ventilateur.
Projet Terzuolo.

le projet de Robertson, qu'un certain nombre d'historiens ont eu le tort de prendre au sérieux, ne pouvait être accepté que comme une amusante plaisanterie?

Il n'en est pas de même du projet ci-dessus fig. 56), qui a été proposé à une époque beaucoup plus récente en 1855, par M. E. P. Terzuolo. Il montre jusqu'à quel point peuvent s'égarer les esprits qui ne sont point suffisamment initiés aux principes de la mécanique et de l'aéronautique. L'auteur de ce projet étonnant, n'ignore pas qu'il n'existe point de vent en ballon : il propose d'en produire artificiellement au moyen de ventilateurs placés dans la nacelle. M. Terzuolo insuffle de l'air dans des tubes évasés qui gonflent la toile, et doivent d'après lui « déterminer la marche en avant[1] ».

Le baron de Crac, dont les aventures sont célèbres, s'est un jour retiré d'une rivière, où il se noyait, par un procédé analogue; il sortit son bras de l'eau, et se souleva lui-même par les cheveux !

O Navigation aérienne que de naïvetés on a commises en ton nom !

---

1. *Direction des ballons.* Moyens nouveaux à expérimenter. 1 broch. in-4°. Paris, Firmin-Didot frères, 1855.

III

LES BALLONS PLANEURS

Utilisation du courant d'air vertical produit par la montée ou la descente d'un ballon dans l'air. — Projet du baron Scott en 1788 et de Hénin en 1801. — Pétin. — Prosper Meller. — Projets de Dupuis-Delcourt. — Le ballon de cuivre. — Système mécanique du docteur Van Hecke pour monter et descendre sans jeter de lest et sans perdre de gaz. — Société générale de navigation aérienne. — Projets divers.

Nous avons montré qu'il n'y avait pas de vent en ballon; cela est vrai quand l'aéronaute plane à une même hauteur au-dessus du niveau de la mer; mais quand le voyageur aérien monte ou descend dans l'atmosphère, par suite d'une augmentation ou d'une diminution de la force ascensionnelle dont il dispose, en jetant du lest ou en perdant du gaz, il ressent très nettement l'action d'un courant d'air vertical de haut en bas ou de bas en haut.

Ne serait-il pas possible de profiter de cette action du vent vertical, obtenu pendant l'ascension .ou la descente, pour diriger l'aérostat dans un sens ou dans un autre? C'est à quoi ont pensé un assez grand nombre d'inventeurs qui ont cru devoir répondre par l'affirmative. Prenez à la main un écran,

soulevez-le vivement en le tenant horizontalement
et à plat, vous vous apercevrez que l'air oppose
une résistance très sensible; recommencez l'expérience, en inclinant l'écran de manière à ce que sa
surface forme un angle appréciable avec la ligne
de l'horizon, vous verrez que l'air, en glissant sur le
plan incliné, fait dévier ce plan dans le sens opposé à son inclinaison. Votre bras, si vous agissez
violemment, sera entraîné obliquement par le mouvement de l'écran.

D'après ce principe, on s'est trouvé conduit à proposer de munir l'aérostat de grandes surfaces planes,
qui, inclinées convenablement, le dirigeraient dans
un sens ou dans un autre, pendant sa montée
ou sa descente. On a encore pensé à se servir du
ballon lui-même comme d'un plan incliné, en
donnant au navire aérien la propriété de s'incliner
au gré du pilote aérien. Si ces méthodes sont efficaces, il suffirait de s'élever et de descendre successivement, sans perdre de gaz et sans jeter de lest,
pour que le ballon puisse en quelque sorte tirer
des bordées dans le sens de la verticale.

Telle est l'idée fondamentale qui a servi de base
à un grand nombre de projets, paraissant rationnels
au premier examen, et que nous avons réunis sous
le nom de *ballons planeurs*.

Un officier distingué de notre armée, le baron
Scott, capitaine de dragons, exposa le principe des
ballons planeurs en 1789[1].

---

1. *Aérostat dirigeable à volonté*, par M. le baron Scott A Paris,
1789. 1 vol. in-8° avec 2 planches.

Lorsqu'on a décidé, dit le baron Scott, qu'on ne parviendrait jamais à diriger les machines aérostatiques, on entendait sûrement celles de ces machines avec lesquelles on a fait les expériences ascensionnelles : en effet elles avaient reçu une forme (celle sphérique) qui s'opposait si invinciblement à leur direction que ce n'est pas sans raison qu'on avait jugé qu'il serait toujours impossible de leur adapter des agents qui eussent l'excès de puissance indispensable à l'effet qui doit être produit, pour procurer la direction. Aussi n'est-ce point de semblables machines dont j'entends parler, lorsque j'en annonce une qui sera dirigée à volonté; mais d'un aérostat dont la forme permettra cet excès de puissance aux agents dont il sera muni, lequel aura une enveloppe constamment imperméable, et assez solide pour résister au frottement du courant d'air contre lequel on le fera cingl r.

Le baron Scott a donné une description très étendue, quoique souvent bien confuse, de son aérostat dirigeable. Il insiste longuement sur la nécessité d'abandonner la forme sphérique, et de recourir à une forme allongée analogue à celle des poissons (fig. 57). Son navire aérien devait être de très grande dimension, formé d'une double enveloppe d'une grande solidité et muni de deux poches ou sortes de vessies natatoires, où l'on pourrait comprimer et décomprimer de l'air, pour faire monter et descendre à volonté le système sans perdre de gaz et sans jeter de lest, d'après le principe du général Meusnier. Le baron Scott admet qu'en comprimant l'air dans la poche d'avant ou d'arrière, on peut incliner le navire aérien dans un sens ou dans l'autre, et lui donner ce qu'il appelle la position *ascendante* (fig. 58) ou *descendante* quand sa pointe d'avant est dirigée vers le sol.

La nacelle devait être suspendue dans une cavité spéciale réservée à la partie inférieure de l'aérostat, et cette nacelle pouvait être à volonté exposée à l'air libre, ou recouverte de toiles, qui l'enfermaient en quelque sorte dans le corps même du ballon-poisson. Un gouvernail était disposé à l'arrière du navire, qui devait comprendre, en outre, des rames de propulsion, pour accroître le mouvement de

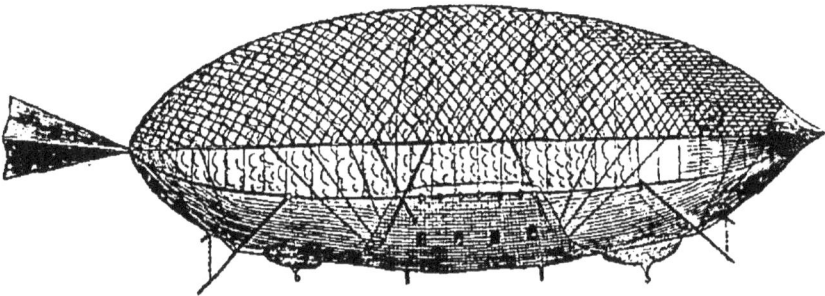

Fig. 57. — Projet de ballon-poisson du baron Scott (1789).
Vue de l'aérostat lorsqu'il a ses pavois baissés.

direction pendant la montée ou pendant la descente.

Le baron Scott avait étudié son projet dès l'année 1788; il publia son travail en 1789, à une époque où les grands événements de la Révolution française allaient détourner les esprits du problème de la direction des aérostats. Il se trouva dans l'impossibilité de donner suite à ses études.

Au commencement du siècle, en 1801, un autre officier de l'armée, F. Hénin, chef d'escadron dans la même arme que le baron Scott, au 15ᵉ régiment de dragons, proposa encore de se servir des courants

descendants ou ascendants, déterminés par la
montée ou la descente de l'aérostat, pour diriger
un ballon dans un sens déterminé, à l'aide de voiles
et d'un grand parachute retourné sous la nacelle.
Hénin lut son mémoire le 20 thermidor de l'an X
à la Société académique des sciences de Paris,
séante au Louvre : mais son travail très sommaire
et peu explicite[1] ne mérite guère de fixer l'attention,
et le dessin qu'il a donné de son système n'offre
aucun caractère d'intérêt spécial (fig. 59).

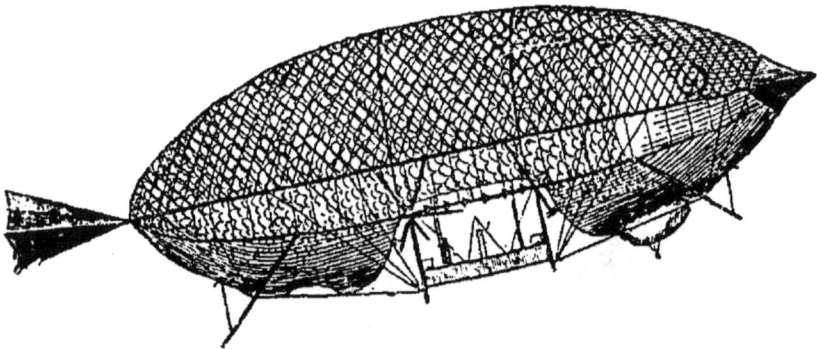

Fig. 58. — Le même aérostat dans son inclinaison ascendante.

Nous ne nous arrêterons point à examiner les systèmes analogues qui ont été proposés en grand
nombre, il nous suffira d'avoir indiqué leur caractère fondamental par quelques exemples.

Arrivons au milieu de notre siècle, à une époque
fort curieuse de l'histoire qui nous occupe.

En 1849, apparut sur la scène de la navigation
aérienne un homme qui devait pendant quelques
années attirer l'attention de l'Europe entière; nous

1. *Mémoire sur la direction des aérostats*, par Félix Hénin. A
Paris, an X. broch. in-8° avec frontispice.

voulons parler de Pétin, qui imagina de construire
un système formé de plusieurs ballons sphériques,
enlevant une grande charpente, au centre de laquelle
on pourrait disposer des plans inclinés, pour diriger le système dans les mouvements de montée et de
descente. Pétin avait déjà proposé plusieurs autres

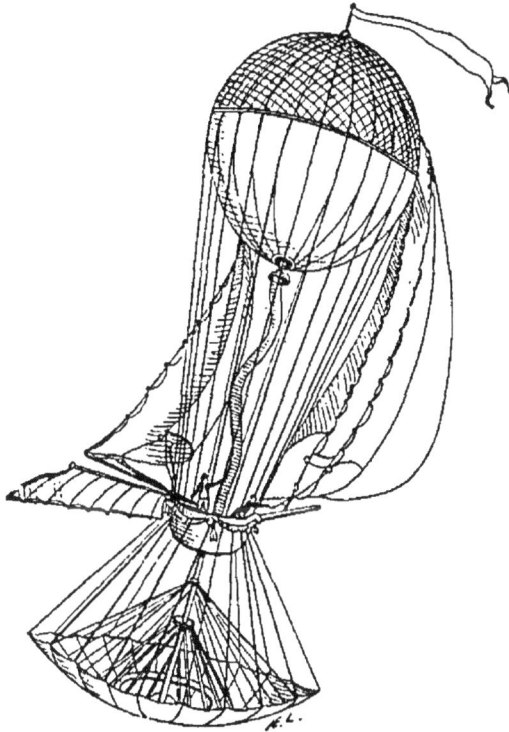

Fig. 59. — Projet de Hénin (1801).

procédés, comme l'indique le document inédit que
nous allons publier, et que nous avons trouvé dans
les papiers de Dupuis-Delcourt, actuellement en
notre possession. Dupuis-Delcourt écrivait les lignes
suivantes en 1850 :

M. Pétin, qui se révèle aujourd'hui avec tant d'éclat

au public est un marchand mercier de la rue Ram-
buteau à Paris, il était donc parfaitement inconnu dans
le monde savant et dans le monde marchand, car son
établissement commercial, *au franc Picard*, est de la
plus mince apparence.

Il y a quelques années, M. Pétin commença à s'agiter
en façon d'aérostation. Comme tout le monde, il voulait
diriger les ballons. C'est alors qu'il publia d'abord un,
puis successivement deux, trois et enfin un quatrième
projet de navires aériens, différents entre eux, de formes
et de principes, dans lesquels il a fait figurer tant bien
que mal tous les projets, toutes les idées ou à peu près
précédemment émises par les inventeurs si nombreux qui
ont précédé M. Pétin dans la carrière. Seulement, M. Pétin n'a pas d'idées fixes ni parfaitement arrêtées, car dans
ses différents projets, si dissemblables entre eux, et aujourd'hui même encore que son vaisseau est prêt à mettre
à la voile, M. Pétin change à tous moments les organes
les plus essentiels, les plus fondamentaux de son œuvre.
C'est ainsi, par exemple, que les quatre hélices représentées sur la figure du vaisseau aérien, seront probablement et définitivement remplacées par une hélice
unique.

M. Pétin s'est donc successivement adressé au plan
incliné proposé à l'origine des ballons par Montgolfier
lui-même, et vingt fois depuis mis en pratique, mais
toujours inutilement ou avec de faibles avantages; aux
roues à palettes, aux turbines, à l'hélice, à la voile;
c'est à ce dernier moyen qu'il s'en tiendra dans la prochaine expérience qu'il nous promet, si nous nous en
rapportons aux renseignements qui nous ont été fournis
dans les ateliers mêmes de M. Pétin par M. le capitaine de marine Dupré (?), qui paraît avoir été choisi par
l'inventeur pour diriger la manœuvre du vaisseau aérien.

Pétin a publié, en effet, divers dessins de son projet; nous reproduisons l'un d'eux, où l'on voit de grandes hélices figurer au-dessous des plans inclinés (fig. 60). D'autres dessins montrent une série de plans inclinés au milieu du châssis inférieur. Pétin exposa son système au public, dans ses ateliers de la rue Marbœuf; il reçut la visite du Président de la République, qui fut le premier souscripteur de son système. L'heureux inventeur trouva enfin dans Théophile Gautier un apologiste ardent, qui contribua à le rendre célèbre, et à attirer l'attention du monde sur ses projets.

On sera étonné aujourd'hui de voir jusqu'à quel point peut s'égarer dans ses appréciations, un écrivain et un poète, quand il traite de questions qui ne lui sont point connues. Voici les principaux passages du feuilleton que Théophile Gauthier publia dans la *Presse* sur le navire aérien de M. Pétin :

Nous avons dit quelques mots, plus haut, de M. Pétin; parlons maintenant de son système. Ce n'est plus seulement un aérostat dans les conditions ordinaires; c'est une combinaison grandiose, c'est un véritable navire avec tous ses agrès, qu'on peut voir d'ailleurs, puisqu'il est exposé aux regards de tous, aux Champs-Élysées, rue Marbeuf. L'espoir de la navigation aérienne est là. Si le succès couronne ses efforts, gloire éternelle à M. Pétin !

Ce navire suspendu dans les airs par trois énormes aérostats reliés entre eux, a 70 mètres (210 pieds) de longueur sur 10 mètres (50 pieds) de largeur, 12 156 mètres carrés de superficie, et les aérostats cubent 4190 mètres de gaz. La force ascensionnelle est égale à 15 000 kilogrammes. La grande dimension de cet appareil, qui présente quelque chose comme la nef de

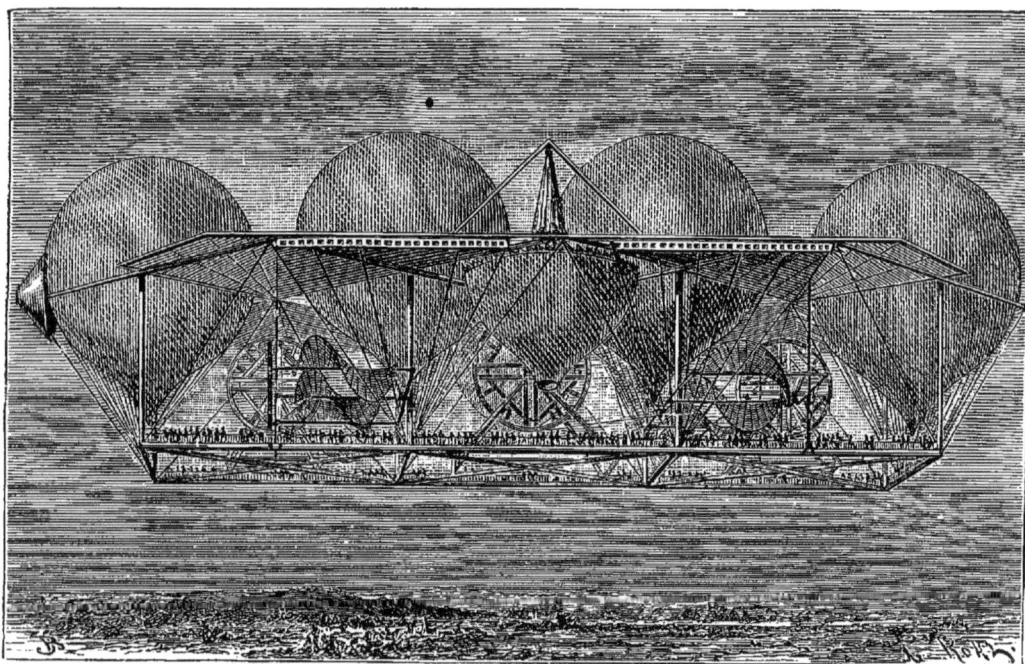

Fig. 60. — Navire aérien de Pétin (1850).

Notre-Dame ou un vaisseau de guerre avec sa mâture, n'a rien qui doive étonner. Dans l'air, ce n'est pas la place qui manque, et M. Pétin a eu raison d'en user largement. En augmentant ainsi le poids de son navire, il accroît sa force de résistance contre les courants d'air horizontaux, et, d'ailleurs, ne sait-on pas que le même vent qui fait chavirer une nacelle n'émeut seulement pas un navire à trois ponts? La proportion gigantesque du navire de M. Pétin est donc une garantie de sécurité. Le mouvement se fait au moyen d'un centre de gravité et d'une rupture d'équilibre aux extrémités. Jusqu'à présent, on n'avait pas trouvé pour les ballons ce centre de gravité et voilà pourquoi toute marche était impossible. Il existait pourtant, et le mérite de M. Pétin est d'avoir su le trouver. Ce point d'appui, il se l'est procuré par un moyen d'une simplicité extrême. Il a établi sur le second pont de son navire, dans l'endroit que laissent libre les ballons, de vastes châssis posés horizontalement et garnis de toiles à peu près comme des ailes de moulin à vent. Ces châssis se remploient à volonté. Les ailerons se ramènent sur les ailes aisément et rapidement, de manière à offrir plus ou moins de résistance dans l'ascension et la descente, selon les mouvements qu'on veut produire. Au centre de ce plancher mobile sont disposés parallèlement, car la nature procède toujours ainsi, deux demi-globes fixés sur leurs bords et libres de se gonfler dans un sens ou dans l'autre. Lorsqu'on monte, l'air s'engouffre dans leur cavité et les arrondit par sa pression, qui est immense comme on sait. Les deux demi-sphères décrivent un arc renversé du côté de la terre, et retardent cette force d'ascension verticale qui opère par éloignement de la circonférence et dans le sens du rayon.

Lorsqu'on se rapproche de la terre, les deux globes se retournent, prennent l'apparence de coupoles et ralentissent la descente. Tout à l'heure le point d'appui était au-dessus de l'appareil, maintenant il est au-

dessous; aussi l'un retient et l'autre soutient. Voilà le
centre de gravité, le point d'appui trouvé. Nous allons
voir comment M. Pétin en tire parti. Les ailes du plancher horizontal, qui forme le second pont de son navire,
lorsqu'elles sont étendues également, présentent à l'air
une résistance uniforme dans le sens ascensionnel ou
descensionnel; mais, en repliant les toiles des extrémités vers le centre, la résistance devient inégale, l'air
passe librement, et l'un des côtés se trouve plus chargé
que l'autre; il y a rupture d'équilibre, la balance re-
présentée par le plancher horizontal, et dont les coupoles déterminent le centre de gravité, penche et glisse
sur le plan incliné formé par l'air sous-jacent; ou bien,
si le mouvement se fait en sens inverse, l'appareil remonte en suivant une ligne diagonale, en dessous d'un
plan incliné formé par l'air supérieur.

Voici donc, et là est tout l'avenir de la navigation,
la fatale ligne perpendiculaire rompue. Procéder en
ligne diagonale, c'est avancer, et tout corps lancé sur
une pente reçoit de cette projection le mouvement.

Jusqu'à présent, M. Pétin ne s'est servi que de l'air-
résistance, dont l'action est verticale, et non de l'air-
vitesse, dont l'action est horizontale, et qui procède par
éloignement du rayon dans le sens de la circonférence.
Un des plus grands obstacles à la direction des ballons
ce sont les courants d'air qui peuvent faire dévier le
ballon de sa route.

Comme M. Pétin peut, en levant ou en abaissant la
proue de son navire, se faire prendre en dessus ou en
dessous par le courant d'air arrêté dans les ailes, et filer
en montant ou en descendant, sans surmonter tout à
fait la force de l'air-vitesse lorsqu'elle est contraire, il
la rompt et la brise, et diminue son recul à la façon
d'un vaisseau qui louvoie contre le vent. Mais les dia-
gonales ascendantes ou descendantes déterminées par la
rupture d'équilibre, qui suffiraient dans un air tranquille ou avec un courant favorable, n'auraient pas assez

de force dans des circonstances moins propices ou quand on voudrait obtenir une plus grande rapidité. M. Pétin a imaginé d'appliquer à son vaisseau aérien l'hélice inventée pour les bateaux à vapeur par Sauvage, ce grand génie si longtemps méconnu. Deux hélices mises en mouvement par deux turbines posées autour des globes parachutes et paramontes se vissent, pour ainsi dire, dans l'air, et opèrent des tractions énergiques. Lorsqu'on veut virer de bord, on laisse aller une poulie folle; une des hélices suspend sa rotation, et l'aérostat tourne sur lui-même ou décrit une courbe; enfin, il devient susceptible d'exécuter toutes les manœuvres d'un steamer.

Ces hélices peuvent être tournées à la main ou par tout autre moyen mécanique, si l'on ne veut pas employer les turbines qui ont le mérite d'utiliser une force qui ne coûte rien, la force ascendante et descendante.

S'il est permis d'affirmer une chose encore à l'état de projet, l'on n'avance rien que de parfaitement raisonnable et logique en disant que, dès aujourd'hui, le problème de la locomotion aérienne est résolu, ou bien toutes les lois physiques sont fausses, et la statistique n'existe pas.

L'appareil de M. Pétin offre plus de sûreté aux voyageurs que tout autre moyen de locomotion; ses trois ou quatre ballons crèveraient tous, ce qui est impossible, que les deux coupoles et les ailes rendraient sa chute si lente qu'elle serait sans danger, car son vaisseau est *inchavirable* et insubmersible. On tomberait dans la mer qu'on ne se noierait pas pour cela. Nous en sommes tellement certain, que nous avons retenu notre place pour le premier voyage.

Quoi qu'il en soit de toutes les opinions sur l'œuvre de M. Pétin, encore quelques jours et nous saurons à quoi nous en tenir; nous verrons enfin si le grand problème de l'aéronautique est trouvé. Tous les plus beaux

discours ne valent pas une seule expérience. A l'œuvre
donc, monsieur Pétin[1]!

Quand on se reporte aux journaux du temps, on ·
se rend compte de l'émotion que produisit le projet
de Pétin. On ne s'attendait à rien moins qu'à une
révolution produite par la solution complète du
grand problème. On en jugera par une notice que
nous empruntons à l'*Argus* à la date du 14 septembre 1851. Cette notice fut reproduite par la plupart
des journaux du temps.

Nous aurons dans quelques jours l'essai de navigation aérienne d'après le système Pétin, qui n'aboutit
à rien moins qu'à la solution du problème de la direction des ballons.

Nous avons entendu de la bouche même de l'inventeur les explications les plus lucides sur sa curieuse
découverte. Nous sommes encore sous le charme qui
captivait son nombreux auditoire, à la suite de cette bril-
lante description donnée *ex professo*.

Nous avons visité en détail l'appareil gigantesque au
moyen duquel M. Pétin doit faire sa première expérience.
Le vaste emplacement du Champ de Mars a été choisi
par l'aéronaute mécanicien pour cette audacieuse tentative. Il eût été difficile de faire un autre choix, car la
locomotive aérienne se développe avec toutes ses dépen-
dances sur cinquante-quatre mètres de longueur, vingt-
sept mètres de large et trente-six mètres de haut. Le
point de départ est connu : il est possible, sans encom-
bre ; mais il est permis de se demander sur quel terrain
ira se reposer cette immense machine à l'envergure
géante. Espérons, toutefois, que M. Pétin a tout prévu

1. Feuilleton de la *Presse* du 4 juillet 1850.

et qu'il pourra, selon sa volonté, s'approcher ou s'éloigner des aspérités de nos villes ou des sommets raboteux de nos montagnes. La sûreté du nombreux équipage qui doit accompagner le premier capitaine de cet étrange navire, en dépend. Dans le cas de succès complet, aux termes du rapport de M. Reverchon, membre de l'Académie nationale, la locomotive aérostatique Pétin pourrait arriver à parcourir quelque chose comme huit cents kilomètres à l'heure. Pauvre chemin de fer, qui parcourez à peine quarante kilomètres dans le même espace de temps! l'invention de Pétin menace de vous réduire à l'état de tortue. Où allons-nous, grand Dieu! où s'arrêtera-t-on?

Que vit-on sortir de ces belles promesses? Rien, absolument rien. Pétin ne réussit même pas à s'élever une seule fois dans les airs avec son grand navire aérien. Il savait à peine calculer la force ascensionnelle d'un ballon : tant il est vrai que parfois l'opinion publique s'égare étrangement sur la valeur des hommes.

Après avoir piteusement échoué en France, Pétin traversa l'Atlantique; il ne réussit pas mieux aux États-Unis, et il revint en France, où il mourut misérablement.

Le principe des ballons planeurs ne tarda pas à être repris par un mécanicien nommé Prosper Meller, qui publia en 1851 divers projets de chemins de fer atmosphériques, formés de ballons captifs glissant sur des câbles tendus, et proposa de construire un grand navire aérien qui utiliserait la résistance de l'air pendant la montée ou la descente, pour obtenir la direction.

La puissance produite par la différence des résistances
de l'air sur un aérostat allongé et incliné est d'autant
plus précieuse, dit Prosper Meller[1], qu'elle ne nécessite
aucun surcroit de poids; elle s'effectue d'elle-même,
en augmentant ou en dirigeant la légèreté, de manière
qu'en réservant toute la force ascensionnelle, elle ne
nuit en rien à l'application de tout autre procédé.

Dans le projet de Prosper Meller, son aérostat
allongé, qu'il désignait sous le nom de *locomotive
aérienne*, devait avoir de grandes dimensions.
Comme tous ceux qui se bornent à exposer la
simple description de leur système, il ne semblait
se rendre compte en aucune façon des difficultés
pratiques de construction. Il proposait de construire
le ballon en *tôle de fer*. Ne perdant pas de gaz, dit-il,
« la machine conserverait sa force ascensionnelle;
les variations atmosphériques ne feraient pas changer
son volume, et enfin, l'océan ne serait plus pour
elle qu'un détroit ». La locomotive aérienne devait
avoir la forme d'un cylindre terminé par deux cônes
(fig. 61); elle devait être munie d'hélices sur ses
parois. L'aérostat devait pouvoir s'incliner pour
obtenir l'effet de direction.

Les parties supérieures et inférieures de notre locomotive, dit Meller, qui représentent deux vastes plans
inclinés, produiront l'avancement horizontal en s'ap=
puyant successivement sur l'air dans l'ascension et dans
la descente.

1. *Des aérostats.* Navigation aérienne; chemin de fer aérostatique, aérostats captifs, par Prosper Meller jeune, 1 vol. in-8° avec
planches. Bordeaux, 1851.

Ces projets, conçus par des hommes sans instruction scientifique et sans aucune idée pratique de
l'aéronautique, n'étaient pas réalisables tels qu'ils
étaient présentés, sans étude complète et sans plan
d'ensemble suffisant. L'idée des ballons planeurs
agissant sans force motrice est tout à fait fausse.
Quand bien même ils se dirigeraient dans un sens

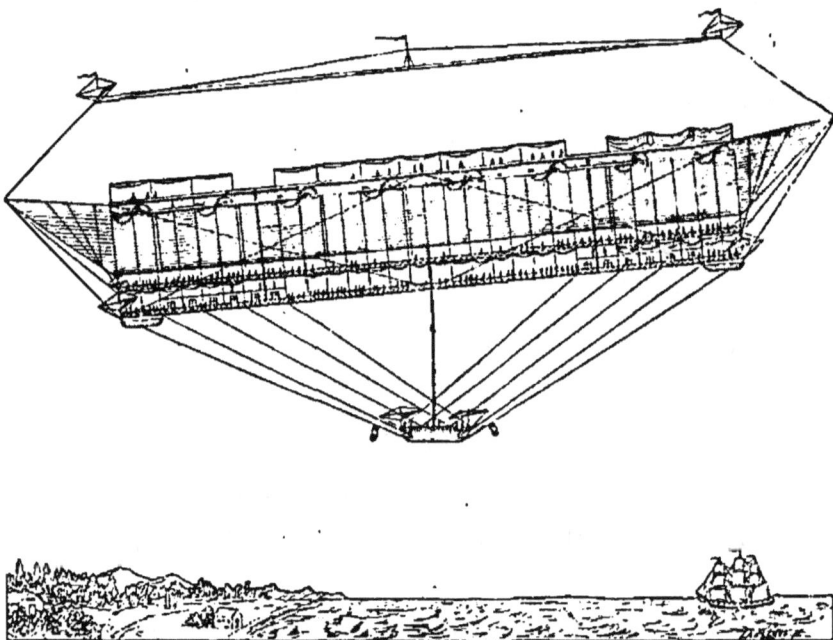

Fig. 61. — Locomotive aérienne Meller (1851).

ou dans l'autre pendant leurs ascensions succes-
sives, cette direction serait relative ; ils n'en seraient
pas moins entraînés avec la masse d'air ambiant
en mouvement. — Pour que les aérostats planeurs
fonctionnent avec efficacité, il faut qu'ils soient
munis de propulseurs mécaniques, actionnés par
un moteur puissant. L'hélice ne suffit pas à elle

seule, pour donner l'avancement, il faut la machine
qui la fassa agir. C'est ce qu'on oublie trop souvent.
N'a-t-on pas vu plus haut que Théophile Gautier,
en parlant des hélices du navire aérien de Pétin,
disait : « Ces hélices pourraient être tournées *à la
main.* » Voilà assurément une force motrice bien
puissante !

Quelques mécaniciens ont proposé de réunir
dans l'aérostat planeur les deux principes du *plus
léger que l'air* et du *plus lourd que l'air*. Nous citerons parmi ceux-là, M. Arsène Olivier, qui propose
un aérostat allongé, rigide, muni de grandes ailes
et d'une hélice, et capable de s'incliner pour le vol
à plane[1]. Nous mentionnerons aussi le projet récent
de M. Capazza ; l'inventeur veut construire un ballon
lenticulaire, tour à tour plus léger et plus lourd que
l'air, et qui nagerait dans l'atmosphère à la façon
des soles dans l'océan. Projet facile à dessiner,
mais difficile à réaliser ! Un peu antérieurement,
M. Duponchel, ingénieur en chef des Ponts et Chaus-
sées, a proposé un projet analogue à celui du ballon
planeur du baron Scott, et dans lequel on obtiendrait la montée et la descente en chauffant ou en
laissant refroidir le gaz du ballon. M. Duponchel,
peu au courant des constructions aérostatiques,
voulait construire *un escalier intérieur* dans son
aérostat pour que les aéronautes pussent monter
à la partie supérieure[2] !

---

1. *Note sur un projet d'aérostation dirigeable*, par Arsène Olivier, 1884. In-8° de 24 pages avec planches.
2. Voy. *Revue scientifique.*

On ne saurait se faire une idée des rêves qui ont germé dans le cerveau des inventeurs de ballons dirigables. Renou-Grave, en 1844, avait imaginé les ballons-chapelets que nous figurons ci-dessous[1] (fig. 62).

Les plus grands esprits sont parfois tombés dans des erreurs analogues. Monge, le grand Monge, avait eu l'idée de réunir ensemble une série de ballons sphériques qui auraient formé, selon lui, un assemblage flexible dans tous les sens ; susceptible d'être développé en ligne droite, courbé en arc de

Fig. 62. — Ballons-chapelets de Renou-Grave.

cercle dans toute sa longueur, ou seulement dans une partie ; de prendre avec ces courbures ou ces formes rectilignes la situation horizontale ou différents degrés d'inclinaison. Ce système de globes montant et descendant alternativement avec la vitesse que les aéronautes lui auraient imprimée, eût imité dans l'air le mouvement du serpent dans l'eau !

A côté des inventeurs des ballons planeurs méca-

---

1. *Description abrégée du navire aérien*, in-8° de 4 pages avec planche.

niques dont nous venons de parler, nous placerons ceux qui veulent se contenter de chercher à différents niveaux dans l'atmosphère des vents propices.

Les projets de monter et descendre dans l'air, automatiquement, sans jeter de lest et sans perdre de gaz pour aller à la rencontre des courants aériens favorables, ont été très nombreux. Nous avons signalé la poche à air du général Meusnier ; nous avons vu qu'à peu près à la même époque, Pilàtre de Rozier proposait de joindre un ballon à air chaud à un aérostat à gaz, afin d'obtenir à volonté l'ascension et la descente en élevant ou en abaissant la température du gaz, c'est-à-dire en diminuant ou en faisant accroître la densité du système.

Parmi les aéronautes les plus convaincus de l'efficacité de l'utilisation des courants aériens à différentes altitudes, nous ne devons pas oublier de mentionner le célèbre Dupuis-Delcourt, dont les ascensions ont été nombreuses, et dont les travaux sont devenus classiques dans l'étude de l'aérostation.

Dès 1824, alors qu'il n'avait que vingt-deux ans, il se mit à l'œuvre, et de concert avec son ami Richard, il construisit sa *flottille aérostatique* ; c'était un système formé de cinq ballons accouplés : un aérostat central, et quatre autres plus petits qui l'entouraient. Au-dessous de l'aérostat principal, se croisaient deux grandes vergues horizontales d'où partaient les cordes d'attache des quatre ballons destinés à sonder l'atmosphère. Ce système ne donna point de bons résultats.

Après ces essais infructueux, Dupuis-Delcourt ·
s'associa à un jeune savant, Marey-Monge, pour
construire un aérostat cylindro-conique en cuivre
métallique imperméable. Les deux associés exécutèrent d'abord, à titre d'essai, un ballon sphérique en cuivre rouge. Il avait dix mètres de
diamètre, et d'après les calculs de Marey-Monge,
sa force ascensionnelle devait être de 346 kilogrammes[1]. Ce ballon, d'un nouveau genre, fut exposé
au public dans des ateliers de l'impasse du Maine ;
il fut même gonflé d'hydrogène, mais il ne fonctionna point et les deux associés ne tardèrent pas
à se séparer. Dupuis-Delcourt fit les plus grands
efforts pour continuer son œuvre, mais ses efforts
furent impuissants.

Plusieurs années après ces tentatives, un médecin
belge, le docteur Van Hecke, eut recours à un
système purement mécanique, pour monter ou descendre dans l'atmosphère et aller chercher des courants aériens favorables. Dupuis-Delcourt ne tarda
pas à joindre ses efforts aux siens. Il s'agissait de
palettes ou d'hélices à mettre en mouvement dans
la nacelle. M. Babinet exposa ce système dans un
rapport adressé à l'Académie des sciences en 1847.

Le docteur Van Hecke, dit M. Babinet, renonce for-
mellement à l'idée de prendre un point d'appui sur l'air
pour se mouvoir en un sens contraire du vent ; son système consiste comme celui de Meusnier à chercher à

1. *Études sur l'aérostation*, par Edmond Marey-Monge, 1 vol
in-8° avec planches. Paris. Bachelier, 1847.

différentes hauteurs des courants favorables à la direction qu'il veut suivre; mais son procédé diffère de celui
de Meusnier qui voulait comprimer ou dilater l'air dans
une capacité intérieure au ballon. La question que s'est
proposée M. Van Hecke, se réduit donc à trouver un
moyen facile de monter et de descendre verticalement
sans employer, comme on le fait ordinairement, une
perte de lest ou une perte de gaz, l'une et l'autre évidemment irréparables. M. Van Hecke a cherché dans un
moteur artificiel, une force capable d'élever ou de dépri-
mer l'aérostat à volonté, et il s'est adressé naturellement
à l'un de ces moteurs qui, tels que les ailes du moulin
à vent, l'hélice, les turbines, etc., transforment sans réaction latérale, un mouvement rotatoire en mouvement
rectiligne, suivant l'axe ou réciproquement. Un appareil analogue, à ailes gauches, a été mis sous les yeux
de l'Académie, et par sa réaction sur l'air, a produit
facilement une force ascensionnelle ou descensionnelle
de 2 à 5 kilogrammes, ce qui avec les quatre moteurs
pareils que M. Van Hecke adapta à sa nacelle, constitue-
rait une force d'environ de 10 à 12 kilogrammes. Ajoutons
que cet effet, loin d'être exagéré, a été obtenu, sans
grand effort, avec des ailes à peu près carrées, dont la
dimension était seulement d'un demi-mètre de côté;
ainsi rien n'empêche d'admettre qu'avec une puissance
suffisante, on pourrait arriver à se procurer par ce procédé, 50, 60 ou même 100 kilogrammes de lest ascendant ou descendant.

Dupuis-Delcourt et le docteur Van Hecke fondè-
rent une *Société générale de navigation aérienne*,
au capital de deux millions de francs, représentés
par deux mille actions de mille francs. Cette Société
fut constituée en Belgique vers la fin de 1846. Les
deux associés exécutèrent une ascension à Bruxelles

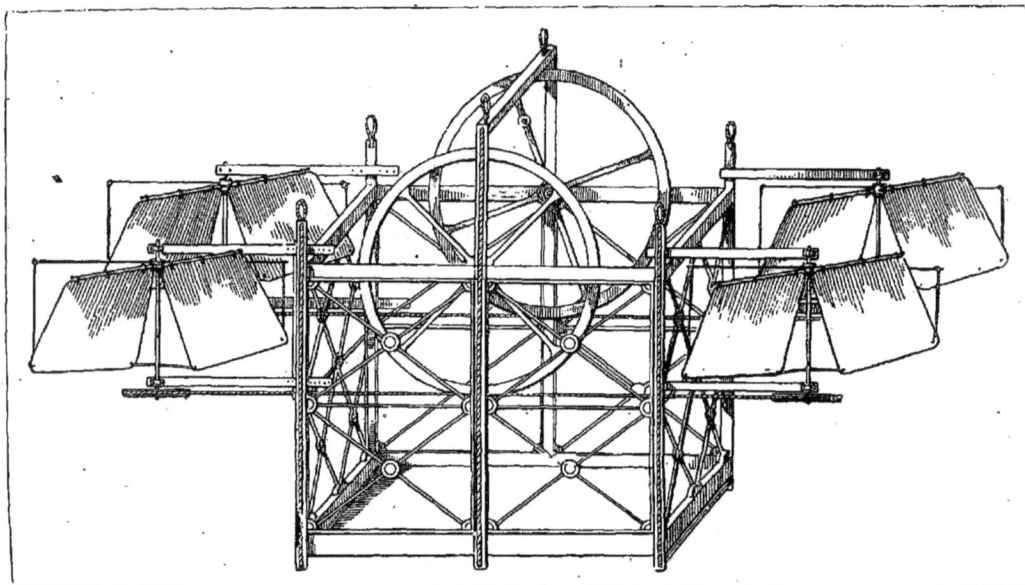

Fig. 63. — Nacelle de ballon à ailes tournantes du docteur Van Hecke, destinée à monter ou à descendre dans l'atmosphère sans perdre de gaz et sans jeter de lest.

le 27 septembre 1847, et attachèrent à leur ballon la nacelle que représente notre figure 63. Les palettes tournantes contribuèrent, paraît-il, à faire monter l'aérostat quand il était bien équilibré dans l'air, mais quand bien même le système adopté pour monter et descendre à volonté eût été absolument efficace, il n'y avait point encore là le principe de la direction des ballons, comme nous allons le faire comprendre un peu plus loin.

Ce qui était expérimenté par Dupuis-Delcourt et Van Hecke à l'aide de moyens mécaniques, les aéronautes peuvent le faire avec le lest, à titre expérimental, pendant une durée limitée.

La manœuvre a été souvent réalisée avec succès. Ce mode de procéder peut se désigner sous le nom de *direction naturelle des aérostats*.

La direction naturelle par les courants aériens a plusieurs fois été obtenue par les voyageurs aériens ; elle a été mise en évidence avec netteté lors du voyage que M. Jules Duruof et moi, nous avons exécuté le 16 août 1868 au-dessus de la mer du Nord, dans le voisinage de Calais. A partir de la surface du sol jusqu'à 600 mètres de hauteur, l'air se dirigeait du nord-est au sud-ouest. Au-dessus de 600 mètres, régnait un courant aérien dont la direction était inverse, du sud-ouest au nord-est. Une couche de nuages séparait les deux courants. En faisant monter l'aérostat au-dessus des nuages, ou en le laissant descendre au-dessous, nous pouvions à volonté progresser dans deux directions presque opposées. Il nous a été possible de nous aventurer à deux reprises à 27 kilomètres du rivage, pour revenir en sens inverse sur terre, après deux voyages successifs au-dessus de l'Océan[1]. Les courants aériens superposés faisaient en réalité entre eux un certain angle qui aurait pu nous permettre de gagner les côtes de l'Angleterre, en tirant des bordées à deux altitudes différentes, comme un bateau à voile.

Depuis cette époque, d'autres aéronautes ont opéré avec succès la même manœuvre; M. J. Duruof à Cherbourg, M. Jovis à Nice. M. Bunelle à Odessa, Lhoste sur la Manche, ont réussi à s'avancer au-dessus de la mer dans la nacelle de leur ballon et à revenir à terre sous l'influence d'un courant aérien inverse.

Ce système tout à fait séduisant par la simplicité des manœuvres qu'il nécessite, offre un grand inconvénient; c'est qu'il dépend des conditions atmosphériques auxquelles on ne saurait commander à son gré. Or les courants ne soufflent pas toujours dans la direction voulue. S'il y a parfois, dans l'atmosphère, des courants superposés, il arrive plus fréquemment qu'il n'y en a pas, et que l'air se déplace dans le même sens à toutes les altitudes. Lors de l'ascension à grande hauteur du *Zénith*, par exemple, la direction suivie par l'aérostat était à peu de chose près la même, depuis la surface du sol jusqu'à la hauteur de 8600 mètres.

---

1. *Histoire de mes ascensions*, par Gaston Tissandier, 1 vol. in-8° illustré. Paris, Maurice Dreyfous.

IV

LA PROPULSION MÉCANIQUE DES AÉROSTATS

Nécessité d'une force motrice pour diriger les aérostats. — Projet de Carra en 1784. — Le ballon-navire *l'Aigle*, de Lennox. — Le ballon-poisson de Samson, — Jullien. — Ferdinand Lagleize. — Camille Vert. — Delamarne. — Smitter. — Projets divers. — Un ballon à vis.

Le problème de la direction des aérostats est très simple en principe pour tous ceux qui possèdent des notions mécaniques précises. Il a été très controversé parce que tout le monde a voulu s'en mêler, surtout les ignorants. Quant aux hommes de science qui en ont nié la possibilité, c'est qu'ils n'avaient pas la pratique de l'aéronautique, et qu'ils ne connaissaient pas bien les ballons.

Un de nos plus savants physiciens, M. Jamin, a récemment exposé avec une grande clarté le principe de la direction des aérostats par la propulsion mécanique, et comme on pourrait croire que notre passion pour la navigation aérienne nous éloigne de l'impartialité de jugement qui convient à la discussion scientifique, c'est à l'éminent secrétaire perpétuel de l'Académie des sciences que nous confierons le soins de plaider ici la cause des aérostats dirigeables :

Si on veut diriger un ballon, il faut une force ; il faut le munir d'un moteur capable de l'entraîner, d'un propulseur qui puisse au besoin lui faire remonter les courants d'air. Quand on veut faire marcher une voiture, on y attelle un cheval, un wagon exige une locomotive, un bateau des rameurs travaillant : l'oiseau n'a pas seulement des ailes, il produit la force musculaire qui les anime ; de même, le ballon doit être remorqué par une machine faisant du travail. Que cette machine soit un moteur animé, électrique, à vapeur, à gaz, peu nous importe en théorie, mais, quelle qu'elle soit, il en faut une. Telle est l'indiscutable nécessité que nous devons subir pour diriger un ballon.

Ce n'est pas tout d'avoir un moteur, nous devons encore chercher comment nous l'emploierons. C'est ici que se place la terrible question du point d'appui, de l'action et de la réaction. Prenons des exemples ; on tire un coup de canon : la poudre enflammée produit un gaz qui se détend, c'est la force ; il chasse le boulet, c'est l'action ; mais la pièce recule, c'est la réaction. Seulement la pièce prend moins de vitesse que le boulet, parce qu'elle est plus lourde. Un animal détend ses muscles pour sauter ; soyez sûr que la Terre recule, mais elle est si incomparablement grosse que son recul est insensible. On exprime autrement ce phénomène en disant que le boulet prend son point d'appui sur la pièce, et l'animal qui saute, sur la terre. L'eau fait le même office : dans un bateau à roues, les palettes chassent l'eau en arrière, mais le navire avance, et s'il est à hélice, vous voyez un courant d'eau vivement lancé qui recule. Enfin, l'air obéit à la même loi et fait la même fonction : il sert d'appui ; et pour conclure : si nous fixons à la nacelle une hélice dont l'axe soit horizontal et que nous la fassions mouvoir, elle avancera

grâce à la pression qu'elle exerce sur l'air postérieur;
elle entraînera nacelle et ballon, et tout le système deviendra un navire véritable avec cette seule différence
qu'il sera dans un autre fluide, dans l'air au lieu de
travailler dans l'eau. Pour compléter la ressemblance,
il conviendra de lui donner une forme allongée et de le
munir d'un gouvernail, placé à l'arrière, formé d'une
toile lisse et tendue qu'on pourra tourner vers la droite
ou la gauche, remplissant les mêmes fonctions et obéissant aux mêmes principes que le gouvernail des vaisseaux.

Cette construction réalisée, le ballon pourra être dirigé comme on le voudra dans une atmosphère en repos; mais dans un courant d'air il faut y ajouter une
dernière et essentielle condition. Quand l'air est complètement immobile, l'aérostat n'a dans toutes les directions qu'une seule et même vitesse, celle que lui
donne son moteur et qu'on peut appeler sa *vitesse propre*. Quand l'atmosphère est en mouvement, il en a
deux : la sienne et celle du courant d'air qui s'y super-
pose. Si toutes deux sont parallèles et de même sens,
elles s'ajoutent; mais si on met le cap à l'opposé du
vent, elles se retranchent, et il peut arriver les trois
cas suivants : 1° la vitesse propre est supérieure à celle
du courant : alors le ballon peut marcher contre le
vent, qu'il dépasse; 2° toutes deux sont égales : dans
ce cas, elles se détruisent et on reste en place; 3° le
vent est supérieur à la marche du moteur, et on recule.
La première condition seule permet d'avancer contre le
vent; et comme ce vent n'est pas chose constante, qu'il
est, suivant les cas, nul, modéré ou violent, le ballon
sera dirigeable à certains jours, ne le sera pas dans
d'autres; dirigeable si le vent est moindre que la vitesse propre, indirigeable en tout sens, s'il est plus fort;
d'autant plus souvent dirigeable que le moteur sera plus
puissant, la vitesse propre plus grande. La question est
du ressort de la mécanique : faire un moteur léger et

fort. En résumé, la solution du problème exige quatre conditions : 1° un moteur ; 2° une hélice ; 5° un gouvernail ; 4° un vent inférieur à la vitesse propre[1].

Avant d'en arriver à une conclusion aussi nette, qui dérive des expériences entreprises par Giffard, Dupuy de Lôme, les frères Tissandier et MM. les capitaines Renard et Krebs, il a été proposé bien des projets, il a été réalisé bien des essais, et nous allons, dans ce chapitre, résumer l'histoire de la propulsion mécanique des aérostats.

Elle date de l'origine de la navigation aérienne : le général Meusnier, les frères Robert, Alban et Vallet, en avaient la notion exacte, mais il leur manquait la machine qui pût leur fournir la force.

On a pensé à appliquer des propulseurs de toute espèce à des ballons de toutes les formes. En 1784, un physicien assez célèbre, Carra, présentait à l'Académie des sciences un Mémoire sur la *nautique aérienne*[2] ; il proposait de munir les aérostats sphériques d'ailes tournantes qui n'agiraient que dans un sens de rotation, la toile de la palette de propulsion se repliant dans le mouvement de retour. Le système était muni d'un gouvernail, et un ballon-sonde hérissé de pointes métalliques devait recueillir l'électricité atmosphérique, sans que l'auteur expliquât nettement le but qu'il se proposait (fig. 64). Ce ballon-sonde devait aussi servir à faire monter

---

1. *Revue des Deux Mondes*, livraison du 1ᵉʳ janvier 1885.
2. *Essai sur la nautique aérienne*, lu à l'Académie royale des sciences de Paris le 14 janvier 1784, par M. Carré. Paris, 1784. in-8° de 24 pages avec planche-frontispice.

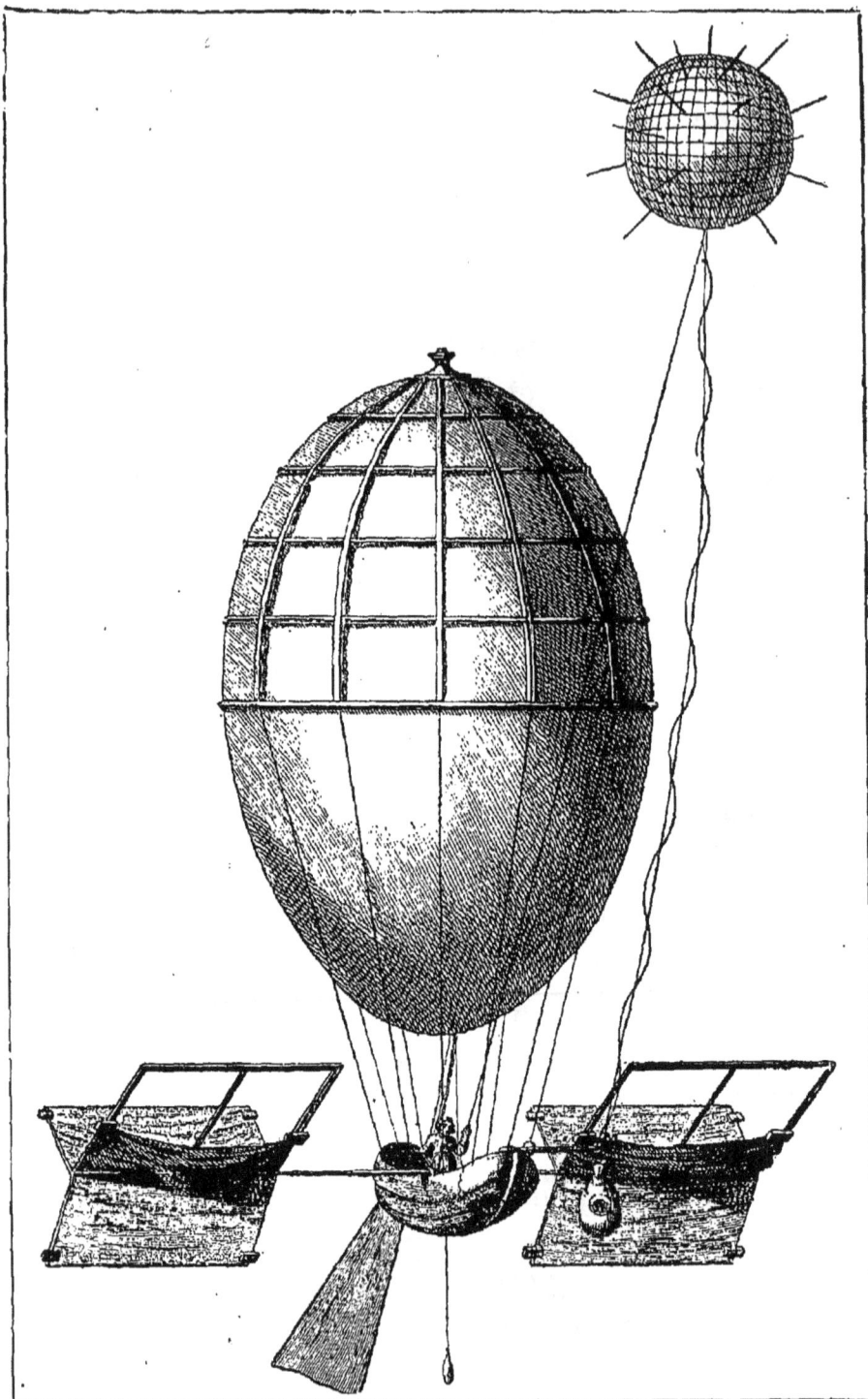

Fig. 64. — Projet de Carra (1784).

ou descendre l'aérostat, en tirant sur sa corde, ou
en la laissant filer. On voit que ce projet rentre dans
la classe de ceux qui ne sont pas pratiquement réalisables et que nous mentionnons à titre de curiosité historique.

Pendant de bien longues années, il ne fut plus
question de la propulsion mécanique des aérostats.
En 1834, elle attira de nouveau l'attention publique, avec le comte de Lennox, dont les projets
eurent alors un retentissement considérable.

Le système de Lennox était un système mixte,
tenant à la fois du ballon planeur et du ballon à
propulseur. Nous laisserons l'inventeur décrire lui-
même son navire aérien *l'Aigle*, en reproduisant une
pièce historique devenue rare : le prospectus de la
Société pour la navigation aérienne qu'il voulait
fonder, et la gravure qui l'accompagne.

SOCIÉTÉ
POUR LA NAVIGATION AÉRIENNE

Note sur le premier ballon-navire *l'Aigle*, commandé par
M. le comte de Lennox, MM. Guibert, Orsi, Edan et Ph. Laurent. — M. Ajasson de Grandsagne emporte les instruments
de physique pour faire des expériences correspondantes à
celles qui seront répétées simultanément à l'Observatoire
royal, par M. Arago, dans le but de constater plusieurs
faits importants de physique.

Premier voyage et manœuvres publiques au champ de Mars,
le 17 août 1784.

Ateliers de constructions, Champs-Élysées, vis-à-vis le pont des
Invalides.

Ballon-navire de 150 pieds de longueur sur 35 pieds

de diamètre : forme d'un cylindre terminé par deux
cônes, rempli d'hydrogène.

2800 mètres cubes de capacité.

Un filet et des échelles de cordes l'enveloppent entièrement. A l'intérieur, il y a un second ballon conte-

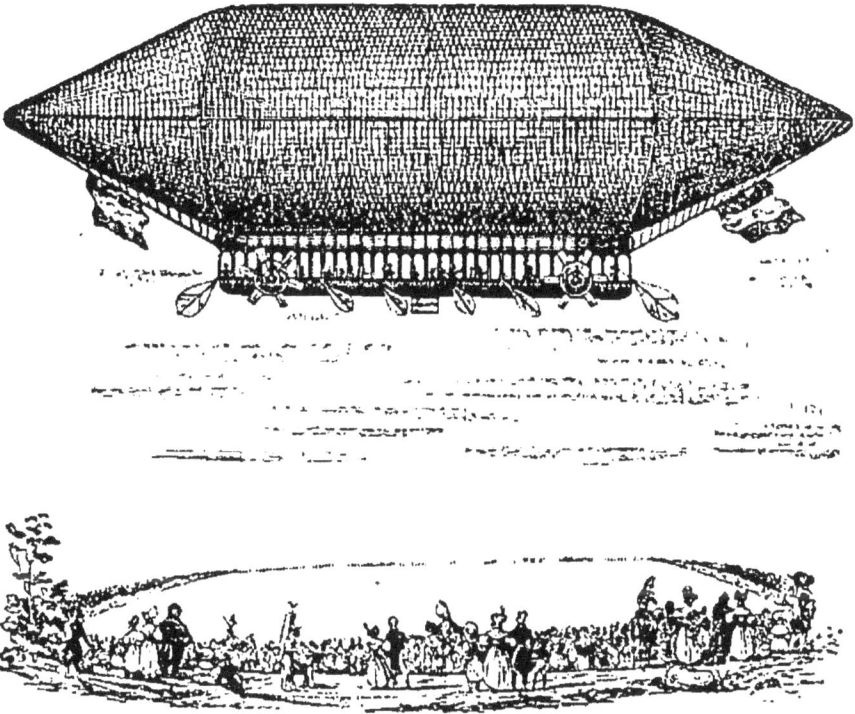

Fig. 65. — Le ballon-navire l'*Aigle*, de Lennox (1854).

nant de l'air, de 200 mètres cubes, qui communique à
l'extérieur au moyen d'un tuyau.

Nacelle de 66 pieds de longueur et 30 pouces de largeur, soutenue par des sangles attachées au filet, à
18 pouces de distance.

Vingt rames de 5 mètres carrés, construites à palettes
mobiles pour agir dans différents sens.

Un long coussin remplissant l'espace contenu entre
le ballon et la nacelle est soumis à l'action d'une pompe
foulante et aspirante (fig. 65).

La force ascensionnelle du ballon (6500 livres) soutiendra la nacelle, les mécanismes, les instruments de physique et l'équipage.

Pour mieux étudier les courants atmosphériques et l'atmosphère en général, nous espérons nous élever et redescendre en comprimant plus ou moins, à l'aide de notre pompe, l'air contenu dans le ballon intérieur et dans le coussin de la nacelle.

Si nous trouvons un courant favorable, nous nous y maintiendrons en profitant de toute sa vitesse, qui peut dépasser cinquante lieues à l'heure.

Dans un temps calme ou par un vent ordinaire, nous ferons marcher nos rames et nos mécanismes; nous ne ferions plus alors que deux ou trois lieues à l'heure.

Dans les deux cas, nous croyons être maître de la direction.

Nous sommes déjà arrivés à d'importantes modifications, que nous proposons d'exécuter en grand d'après des modèles construits dans nos ateliers, et dans lesquels la force humaine est remplacée par un agent beaucoup plus puissant.

Nous recevrons toujours avec reconnaissance, au nom de la science aéronautique, qui se trouve aujourd'hui dans des voies de progrès, les conseils et les réflexions de tous ceux qui s'y intéressent.

Le comte de Lennox ne réussit pas à mener à bien son projet grandiose. L'essai qu'il essaya d'entreprendre fut déplorable; bien loin de pouvoir enlever ses voyageurs, le ballon ne pouvait pas se soutenir lui-même. On eut toutes les peines du monde à le transporter le 17 août 1834, jour de l'expérience, des ateliers de construction où il avait été gonflé, jusqu'au champ de Mars, où il devait s'élever. Il ne fut pas possible de faire partir le navire aérien *l'Aigle;*

il y eut alors des cris de fureur de la foule assemblée, on envahit l'enceinte de manœuvre, et le matériel fut mis en pièces.

Dupuis-Delcourt, qui avait été en relation avec Lennox, le jugeait pour un homme d'honneur et de bonne foi. Il se peut ; mais il lui manquait une instruction aéronautique suffisante et la pratique des ballons, sans laquelle on ne saurait entreprendre de grandes constructions. M. de Lennox était riche, et il consacra sa fortune à ses malheureux essais de navigation aérienne. Le principe de son projet était rationnel, et la forme qu'il avait donnée à son navire aérien, était favorable à la propulsion mécanique.

Depuis Lennox, les projets d'aréostats allongés, munis de propulseurs, sont si nombreux qu'il serait absolument impossible d'en donner une énumération complète. Citons quelques projets qui ont plus spécialement attiré l'attention.

Vers l'année 1850, MM. Sanson père et fils donnèrent une grande publicité à un projet de ballon qu'il présentèrent comme la *solution du problème de la navigation aérienne* (fig. 66). Les brochures qu'ils publièrent en grand nombre, dénotent un médiocre esprit scientifique. Le ballon devait être seulement équilibré dans l'air, le *moyen ascensionnel* lui serait donné à l'aide de quatre ailes placées aux flancs ; le *moyen de propulsion horizontale*, consistait « en quatre roues creuses placées par paires, » le *moyen de direction* consistait en un gouvernail « 'faisant annexe aux

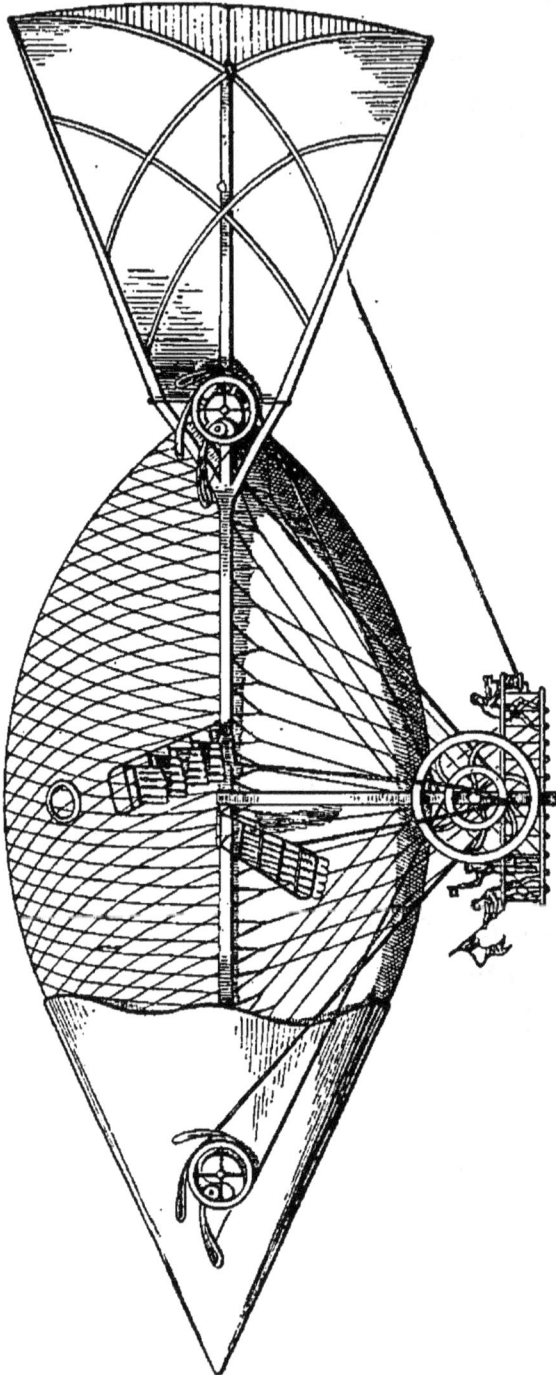

Fig 66. — Le ballon-poisson de Sanson (1850).

équatoriales. » Enfin MM. Sanson père et fils avaient

un *moyen secret* qu'ils appelaient *physico ichtyolo-gique* et qu'ils se gardaient de faire connaître[1].

Pendant que le ballon-poisson de Sanson figurait dans des brochures, un horloger de grand mérite, et très habile ouvrier, Jullien, réalisait à l'Hippo-drome de Paris une expérience, faite en petit, d'un modèle d'aérostat dirigeable, allongé, qui peut être considéré comme le point de départ des tentatives modernes. L'aérostat de Jullien avait une forme analogue à celle qui a été adoptée par les construc-teurs de Chalais-Meudon (fig. 67). L'inventeur avait

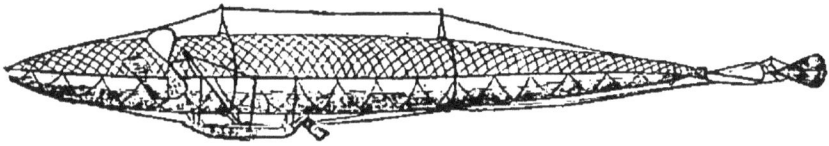

Fig. 67. — Aérostat dirigeable de Jullien (1850).

choisi cette forme à la suite d'essais exécutés au moyen de fuseaux de bois dont il avait expérimenté les mouvements dans l'eau[2]. Voici dans quels termes M. Pierre Bernard a annoncé, dans le journal *le Siècle*, l'expérience à laquelle il a assisté le 6 novembre 1850.

Le fait d'abord! Aujourd'hui 6 novembre un aéro-stat d'une forme excessivement simple et toute vivace, a navigué dans le vent, contre le vent, selon la fantaisie

1. *Solution du problème de la navigation aérienne*. Principes, preuves, et moyens, par Sanson père et fils, chez Ledoyen, Palais-Royal, 1850, in-8° de 16 pages avec figures.
2. *Les Ballons*, par Julien Turgan, 1 vol. in 18 avec figures. Paris. Plon frères. 1851, p. 200.

de son inventeur, M..., et les indications de notre maître
à tous : le public.

D'autre part M. Turgan, qui a écrit un excellent
petit ouvrage sur l'histoire de la locomotion aérienne, publiait dans la *Presse* la notice suivante :

A trois heures et demie, en présence de MM. Émile
de Girardin, Louis Perrée, de Fiennes, Bernard, etc.,
M. Jullien a apporté, d'abord dans le manège, puis dans
l'amphithéâtre de l'Hippodrome, un petit aérostat, long
de sept mètres, de forme oblongue, et ayant monté un
mécanisme bien simple, de son invention, il a abandonné l'appareil qui s'est dirigé rapidement dans le sens
désigné antérieurement.

Dans le manège, il n'y avait pas de courant d'air, la
chose paraissait fort simple; mais une fois dans l'amphithéâtre, notre étonnement fut au comble lorsque
nous vîmes l'expérience se reproduire, malgré un vent
sud-ouest fort marqué. L'aérostat se dirigea *directement
contre le vent*. On recommença en divers sens, et toujours l'expérience réussit.

On a tant de fois répété qu'il était impossible d'arriver
à un tel résultat qu'on se regardait les uns les autres,
sans vouloir absolument croire au spectacle que l'on
avait sous les yeux, et qu'il a fallu recommencer plusieurs fois ces manœuvres pour nous convaincre du fait.

Les essais de mouvement circulaire ont été tentés,
mais l'enceinte était trop restreinte, et l'on ne pouvait
agir que par le gouvernail. Cependant plusieurs de ces
tentatives ont réussi. C'est, du reste, l'appareil le plus
simple du monde : — une sorte de poisson cylindre à
tête, en baudruche, et cerclé par un équateur en bois
auquel vient s'attacher un filet supérieur.

Vers le tiers antérieur de l'appareil se trouvent deux
petites ailes composées chacune de deux petites palettes

formant hélice. Ces palettes ont à peu près la forme d'une raquette à jouer au volant, de 0ᵐ, 22 de diamètre longitudinal, soit 0ᵐ, 20 de diamètre transversal. Elles tournent avec rapidité et produisent ainsi le mouvement direct.

Comment tournent ces hélices? Rien n'est plus simple : l'axe qui les supporte s'engrène avec une longue tige, qui va s'engrener elle-même dans un mouvement de pendule ou de tourne-broche, suspendu au-dessous du ballon à 0ᵐ, 4 environ.

Le récipient du gaz contient 1200 décimètres cubes d'hydrogène pur.

L'enveloppe pèse.	550	grammes.
L'armature en bois.	550	—
Le moteur.	450	—
Les fils qui servent de cordages, environ.	10	—
TOTAL.	1160	—

Un système composé de deux gouvernails, l'un vertical, l'autre horizontal, termine l'appareil.

N'anticipons pas sur les conséquences probables de cette simple expérience. Constatons seulement qu'aujourd'hui mercredi, 6 novembre 1850, à trois heures et demie, une machine aérostatique s'est manifestement dirigée contre le vent, mue par un appareil d'une simplicité extrême.

Les expériences se sont renouvelées le jeudi 7 novembre. Le dimanche 10, elles ont moins bien réussi par un défaut d'équilibre et un excès de poids apporté à l'ensemble de la machine. Le public fut sévère pour le pauvre inventeur, qui fut découragé dans ses essais.

Jullien habitait Villejuif : c'était un petit horloger de village qui avait toujours été misérable. L'exposi-

tion de son remarquable petit ballon, ne lui rapporta
que des déceptions; il avait cependant étudié avec
grand mérite le problème de la navigation aérienne,
et il peut être cité comme un précurseur d'Henri
Giffard, qui assista à ses remarquables expériences,
et en tira profit pour ses constructions futures.
Nous tenons le fait de Giffard lui-même.

C'est en 1852 que le futur inventeur de *l'injecteur*

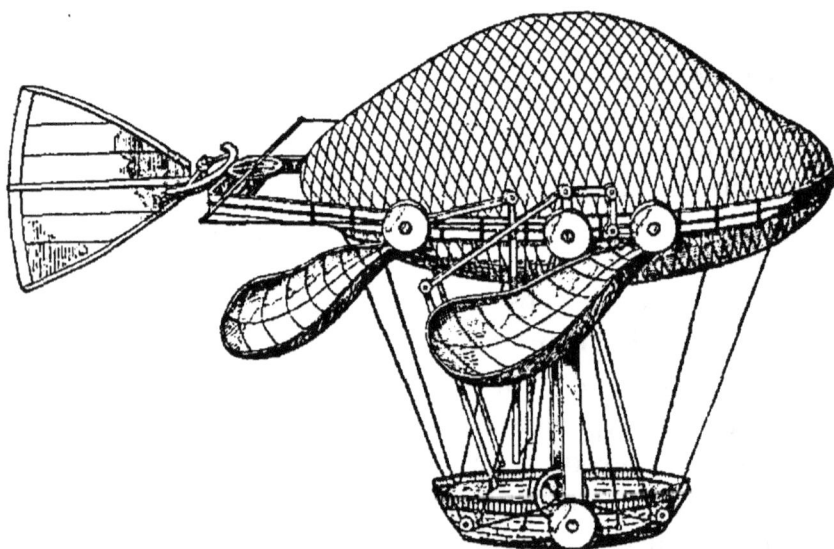

Fig. 68. — Projet de Ferdinand Lagleize (1855).

exécuta ses mémorables essais de navigation
aérienne; nous les étudierons d'une façon spéciale
dans un chapitre suivant. Continuons ici l'énumération des projets et des expériences.

Mentionnons le projet de Ferdinand Lagleize,
qui construisit en petit l'aérostat dirigeable représenté ci-dessus (fig. 68). Quatre ailes adaptées au
flanc du ballon-poisson, lui imprimaient le mouve-

ment[1]. Un gouvernail de propulsion était adapté à l'arrière. Ce système a été exposé douze jours, du 5 au 15 septembre 1855, au jardin d'hiver des Champs-Élysées, à Paris.

Plus tard, en 1859, un aéronaute, ouvrier habile, constructeur de mérite, Camille Vert, fit fonctionner à plusieurs reprises, un navire aérien de son système, qu'il désigna sous le nom de *poisson volant*. Cet aérostat allongé, à hélice, était mû par une petite

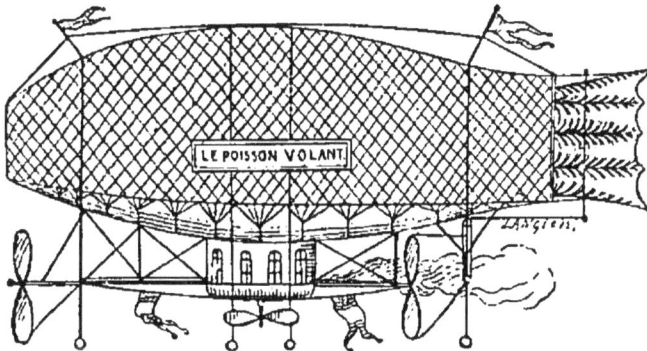

Fig. 69. — Poisson-volant de Camille Vert (1859).

machine à vapeur (fig. 69); il fontionna devant le public, au palais de l'Industrie, à Paris, et il fut expérimenté devant l'empereur. Voici en effet le compte rendu de cette séance, tel qu'il a été publié dans le *Moniteur* du 19 novembre 1859.

Le 27 octobre dernier, une nouvelle machine aérienne, inventée et exécutée par M. Camille VERT, a été expérimentée dans le palais de l'Industrie, en présence de S. M. l'empereur. Cette machine se dirigeant à volonté, dans tous les sens et à laquelle est adaptée un

---

1. Aérostat Ferdinand Legleize, in-8° de 8 pages avec planche.

système ingénieux de sauvetage des voyageurs, a fonctionné de la manière la plus satisfaisante.

L'inventeur de cette curieuse découverte, après avoir
été complimenté par Sa Majesté, a été autorisé à en faire
une exposition publique dans le palais de l'Industrie.

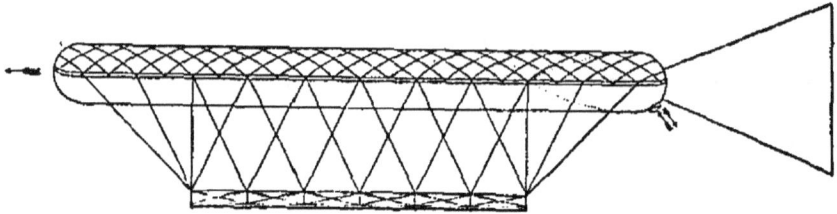

Fig. 70. — Aérostat propulsif de Gontier-Grisy (1862).

Les belles expériences de Giffard faites en 1852,
dans son grand ballon allongé à vapeur, avaient

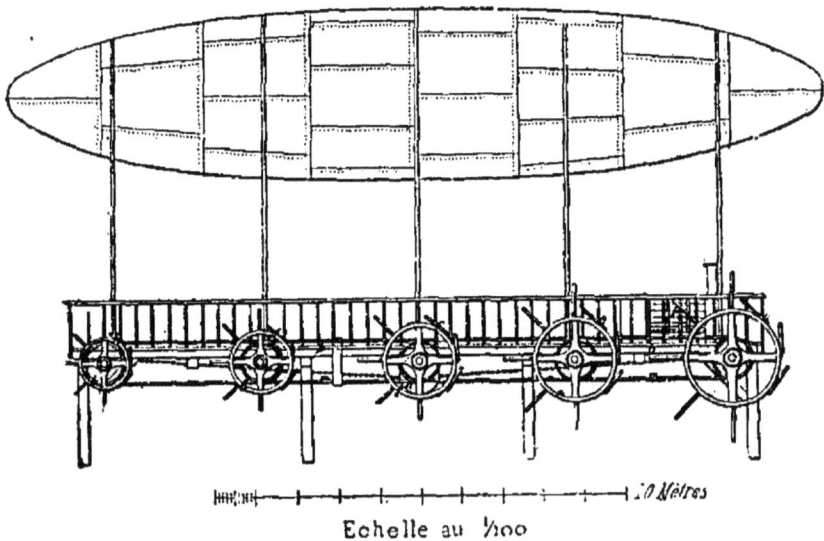

Echelle au 1/100

Fig. 71. — Projet d'un ballon de cuivre par Chéradame (1865).

fait naître une multitude de ballons-poissons. En
outre des expériences en petit, on voyait paraître
de toutes parts de nouveaux projets. L'aérostat
propulsif de Gontier-Grisy (fig. 70), dans lequel

devait fonctionner un moteur à air comprimé[1], le
ballon allongé de Cheradame (1865), qui devait être
confectionné en cuivre rouge et atteindre des dimensions énormes[2] (fig. 71), et une infinité d'autres
systèmes que nous passerons sous silence.

M. Delamarne, à cette même époque, a présenté,
sous le nom d'*hélicoptère* un système de navire

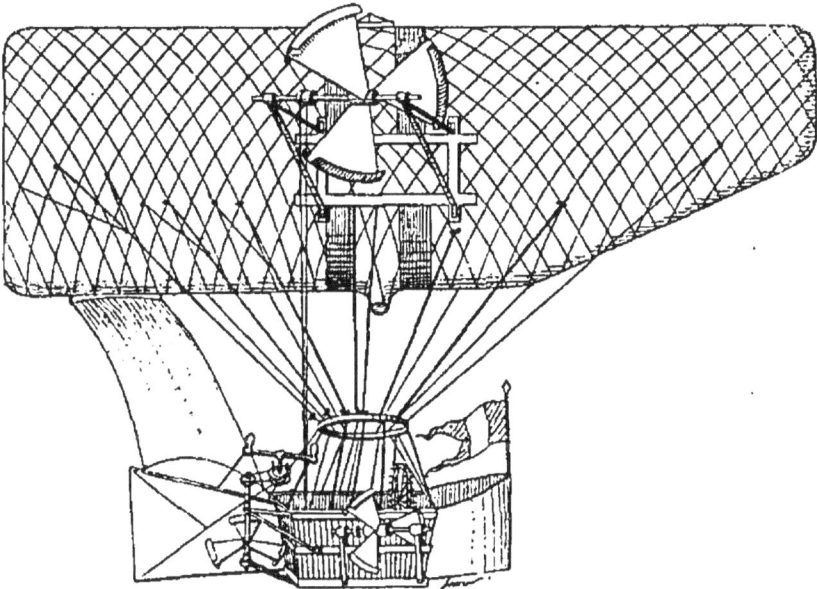

Fig. 72. — L'aérostat *l'Espérance* de Delamarne (1865).

aérien, *l'Espérance*, qui consistait en un aérostat
allongé de forme spéciale, muni d'hélices de propulsion et d'ascension (fig. 72).

Le longueur du navire aérien était de 30 mètres,
son diamètre de 10^m,80, la capacité de 2000 mètres

1. *Aérostat propulsif* avec moteur, révolvo-comprimant, par Gon-
tier Grisy. Paris. E. Lacroix, 1862. In-8° de 52 pages avec planche
2. *La direction des aérostats enfin trouvée, par Léopold Cheradame.* Paris, 1865. in-8° de 16 pages avec plans et portraits.

cubes en nombre rond. Le ballon était séparé en deux parties par une cloison intérieure. — Voici d'ailleurs la description qui a été publiée, en 1865, du ballon de M. Delamarne.

Perpendiculairement à l'axe est une cloison intérieure et imperméable qui sépare le ballon en deux parties. La soupape est à cheval sur cette cloison et présente deux volets, communiquant chacun avec l'un des compartiments du ballon. Enfin, deux forts rectangles, portant deux hélices mobiles dans un plan perpendiculaire à l'axe, pressent le ballon en flanc, par l'effort de deux larges bandes de caoutchouc. Ces hélices ont 2^m,20 d'envergure, et portent trois ailettes; elles font plus de trois cent soixante tours à la minute. Chaque ailette se partage, à son extrémité, en deux parties qui se recourbent de part et d'autre pour retenir le vent.

L'ensemble de ces appareils pèse 400 kilogrammes, y compris le poids d'une voile qui se fixe d'une part au ballon, et d'autre part au gouvernail de la nacelle. Les mouvements du gouvernail se transmettent ainsi au ballon avec l'accroissement de force qu'apporte la voile.

La nacelle pèse 200 kilogrammes avec tous ses accessoires; elle a 4^m,50 de large et 7 de long. Sur ses côtés sont deux hélices semblables à celles du ballon, mais n'ayant que 1^m,10 d'envergure; elles doivent aider les hélices du ballon. Comme celles-ci, elles font trois cent soixante tours à la minute. Chaque hélice déplace 3 mètres cubes d'air par tour, en tout 1080 mètres cubes d'air par minute.

Une roue, mue par trois hommes, communique aux quatre hélices le mouvement qui leur est transmis par des courroies sans fin. Puis, à l'arrière de la nacelle, et pour aider à la descente ou à l'ascension, sont deux hélices horizontales moins recourbées à leurs extrémi-

tés que les premières. Une roue horizontale, mue par
un seul homme, les fait agir en temps et lieu. Un gouvernail, enfin, est placé derrière la nacelle, et un taille-
vent à la proue. Ce taille-vent est une sorte de tranchant qui divise l'air et le vent et leur présente deux
plans inclinés[1].

M. Delamarne insistait sur ce point que dans son
système le ballon « ne remorquait pas la nacelle, et
la nacelle ne remorquait pas le ballon. » Il disait,
que son système tenait à la fois du *plus lourd que
l'air* et du plus léger que l'air[2].

Quoi qu'il en soit, l'expérience, annoncée avec
une assezg rande publicité, eut lieu le 2 juillet 1865,
dans le voisinage du jardin du Luxembourg. Le
résultat en fut piteux. L'aérostat l'*Espérance*, fut
gonflé, mais l'inventeur n'y adapta aucun des organes de propulsion qu'il avait décrits. La nacelle
seule portait des hélices latérales, un taille-vent et
gouvernails.

Voici en quels termes un témoin de l'expérience,
M. Jouanne, ingénieur des arts et manufactures, en
deux a décrit le résultat :

L'aérostat l'*Espérance* s'est enlevé à six heures du soir
en tournant sur lui-même, et tant que nos yeux ont pu
l'apercevoir, il a continué ses circonvolutions. Il a suivi
d'ailleurs la direction du vent, qui soufflait du nord au

---

1. Article communiqué par M. Delamarne à la *Science pittoresque*,
7ᵉ année, nᵒ 47, du 27 mars 1865.
2. Nous ferons remarquer que cette propriété dont il a été question déjà dans le chapitre précédent, s'applique à tous lés aérostats ;
plus légers que l'air quand ils montent ils sont un peu plus lourds
que l'air quand ils descendent.

midi, car il s'est dirigé vers Vincennes, et à huit heures, il est descendu près du polygone, sans difficulté[1].

En 1857, un professeur de l'École des apprentis du port de Cherbourg, Pillet, présenta, sous le nom

Fig. 73. — Aérodophore de Pillet (1857).

d'aérodophore, un projet de grand ballon-poisson à nageoires latérales (fig. 73).

En 1866, M. Smitter, qui depuis cette époque a fait plusieurs tentatives de direction aérienne, a proposé de placer l'hélice à l'avant du ballon allongé, au moyen d'un châssis extérieur comme le repré-

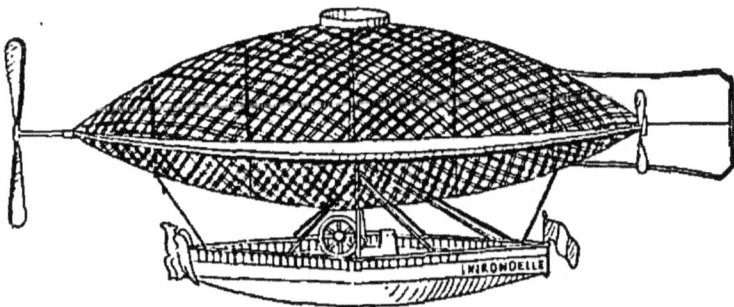

Fig. 74. — Aérostat à hélice de Smitter (1866).

sente notre figure 74, empruntée à un prospectus de l'inventeur. Ce projet a été encouragé par M. Henri Rochefort. Voici l'article qu'a publié dans le *Soleil* le célèbre pamphlétaire, à la date du 11 mai 1866 :

1. *La Science pour tous*, 15 juillet 1865.

Le vice radical des procédés d'aérostation connus c'est que, ne pouvant corriger le ballon, qui est trop massif, trop susceptible d'allongement ou d'élargissement par suite du peu de résistance de l'enveloppe en taffetas, les aéronautes essayaient de diriger la nacelle, ce qui bouleversait toutes les lois de la physique et du bon sens, attendu qu'un ballon ne peut pas plus être dirigé par sa nacelle qu'un gros navire par le canot qu'il traîne après lui.

Au premier abord, ce problème paraît être l'enfance de sa simplicité; eh bien! de tous les aéronautes passés et présents, M. Smitter, simple ouvrier mécanicien, est le seul qui l'ait soulevé. Au lieu d'appliquer à la nacelle les voiles et le gouvernail, il reporte toute la force motrice et dirigeante sur l'aérostat lui-même, qu'il établit au moyen d'une charpente osseuse en fer creux, légère et solide, recouverte ensuite de taffetas. Le ballon résistant devient ainsi capable de recevoir tous les agrès nécessaires à sa direction, comme les hélices, le gouvernail et surtout deux palettes qui, en s'ouvrant et se fermant aux deux côtés de l'aérostat comme les battants d'une table, permettent au voyageur de lutter contre la pression atmosphérique et de planer à la hauteur et dans la zone qu'il a lui-même choisies.

C'est du reste à nous autres, qui ne croyons ni aux coups de trompette, ni aux placards sur les murs, mais aux faits et aux raisonnements, c'est à nous, dis-je, d'aller chercher dans leur obscurité laborieuse les hommes qui usent en travail et en sacrifices de toute espèce le temps que d'autres dépensent en réclames. Rien n'eût été plus facile à ce chercheur timide que de se mettre dans les mains de quelque Barnum qui l'eût compromis, me qui l'eût fait connaître. Il est venu simplement nou dire :

« Je puis, je crois, faire faire un grand pas à a direction des ballons. J'avais six mille francs d'économies, je les ai mis dans la construction d'un aérostat.

Aujourd'hui mes économies sont épuisées, et il me manque une dizaine de mille francs pour tenter une expérience décisive. Est-ce que vous croyez que la question n'est pas assez importante pour que je fasse appel à une souscription publique, après avoir démontré préalablement en quoi mon système diffère de tous ceux qui ont été vainement essayés jusqu'ici? »

Henri Rochefort.

Vaussin-Chardanne, dont les projets aériens furent très nombreux : ballons à hélice, ballons à

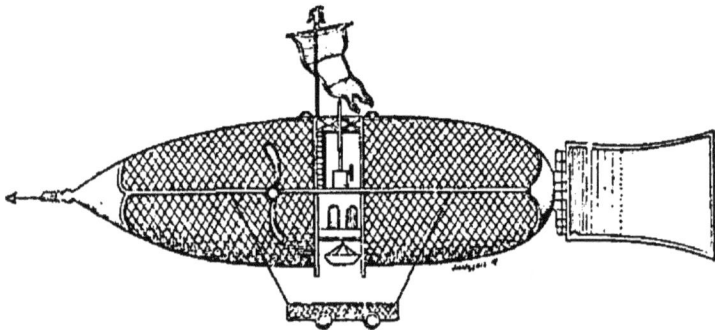

Fig. 75. — Gondole-poisson de Vaussin-Chardanne.

ailes, ballons allongés, publia aussi différentes brochures depuis 1858 jusqu'à 1875. Nous citerons son projet de *gondole-poisson* dans lequel les hélices de propulsion étaient à peu près au milieu du système et de côté, l'aérostat étant séparé en deux parties, avec grand gouvernail à l'arrière (fig. 75).

En 1859, M. E. Farcot, ingénieur-mécanicien, étudia un grand aérostat dirigeable à vapeur pour la navigation atmosphérique. Cet aérostat pisciforme devait-être muni de deux hélices de traction

placées à l'avant et fixées sur le ballon lui-même; il
se trouvait terminé à l'arrière par un gouvernail[1].
En 1861, H. Guilbaut de Saintes, proposa un aérostat
cylindrique allongé, muni d'ailes latérales et d'hélices[2]. En 1865, J. E. Renucci, capitaine au 2e de
ligne, examina les conditions de construction d'un
aérostat à enveloppe de fer, de 100 mètres de diamètre et devant rester plus d'un an dans l'atmosphère[3]. Il faut avoir entre les mains les documents
spéciaux qui ont été publiés pour se rendre compte
de l'abondance des études faites, les unes rationnelles et logiques, comme celle de M. Cordenous[4]
en 1875, qui vint à Paris pour soumettre son
projet d'aérostat allongé à Henri Giffard et aux
savants compétents, les autres où l'imagination
déborde comme dans le projet d'un nommé Fayol,
qui décrit ainsi qu'il suit son étonnant *voyageur
aérien*[4] :

C'est un animal qui a quarante kilomètres, dix
lieues de longueur. Il va de Paris à Philadelphie en
Amérique en six heures de temps, sans s'arrêter. Il
traverse les airs à deux mille mètres de hauteur....
Sept galeries superposées qui s'étendent dans toute sa
longueur déterminent sa hauteur. Il porte dans son

1. *La Navigation atmosphérique*, par E. Farcot. 1 broch. in-18
avec planches. Paris, Librairie nouvelle, 1859.
2. *Direction des aérostats, système nouveau*, par H. Guilbaut,
de Saintes. 1 broch. in-4 avec planches. Saintes, imp. Lassus.
3. *Exposé d'un système de navigation atmosphérique* au moyen
du ballon à enveloppe métallique, par J. E. Renucci. 1 broch. in-8
avec planches. Paris, Eugène Lacroix.
4. *Riviste degli studi di locomozione et nautica nell'aria* par
P. Cordenous. 1 broch. in-8. Paris, Rovigo, 1075.

ventre sept mille machines à vapeur, lesquelles travaillent toutes à comprimer de l'air dans les oreilles qui sont au nombre de deux mille. Il y a sept mille chauffeurs, un à chaque machine; ils sont commandés par un seul homme placé à la tête de l'animal, entre les deux yeux. Cet homme transmet sa volonté par l'électricité aux sept mille chauffeurs[1].

Le projet de M. Cordenous mérite qu'on s'y arrête avec un peu plus d'attention. L'auteur voulait construire un aérostat allongé ellipsoïdal, contenant un axe rigide central, portant à l'arrière une hélice de propulsion. Son projet était d'exécuter d'abord une expérience au moyen d'un ballon de faible dimension, capable d'enlever un homme. Il avait exécuté à cet effet une machine motrice à gaz ammoniac, qui sous le poids de 85 kilogrammes donnait une force de un demi-cheval[2]. M. Cordenous se trompait au sujet de la possibilité de munir un aérostat allongé d'un axe rigide transversal, le poids de cet axe serait considérable, et son mode d'attache nécessiterait encore l'addition d'autres pièces rigides, qui alourdiraient le système au point qu'il ne pourrait plus s'élever.

En 1871, un ingénieur italien, M. Micciollo-Picasse proposait de construire un aérostat d'aluminium, avec deux hélices de propulsion à l'avant

---

1. *Le Voyageur aérien*, par Fayol, 1 broch. in-8, Paris, typ. Blanpain, 1875.

2. *Navigation aérienne*, par M. P. Cordenous, professeur de mathématiques au lycée de Rovigo, extrait du journal *les Mondes* du 18 mai 1870.

et à l'arrière, fixées à la pointe même de l'aérostat allongé[1] (fig. 76).

En 1877, M. Deydier, à Oran, proposait un grand aérostat à compartiments, ou enceintes indépendantes à air raréfié[2]. En 1881, M. Morel donnait la description de son *ballon-comète,* ainsi nommé parce qu'il était muni d'une énorme queue qui utiliserait les courants aériens[3]. Nous ne parlons ici que des aérostats sphériques, des aérostats allongés pisciformes ou cylindriques, mais on a

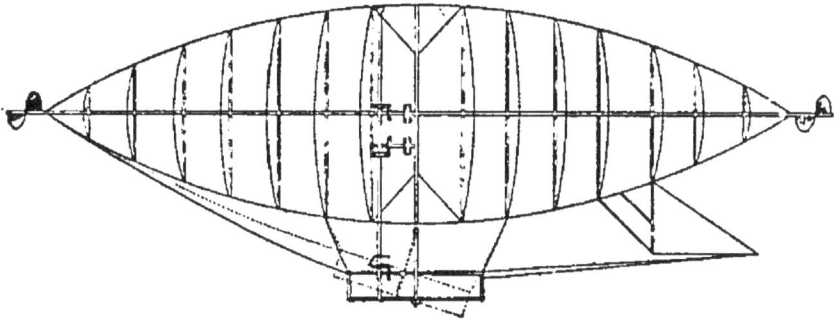

Fig. 76. — Projet d'aérostat en aluminium de Micciollo-Picasse (1871).

encore proposé les aérostats en forme d'anneau ou de couronne[4], en forme de solides plans géométriques, d'octoaèdres et autres.

1. *Ballon anermastatique dirigeable, en tôle d'aluminium,* par M. Micciollo-Picasse, Paris. 1871. Broch. in-8°, avec planches.

2. *La Locomotion aérienne,* 1 broch. in-8, avec planches, Oran, imp. Collet.

3. *La navigation aérienne,* mémoire pour servir à l'avancement des sciences aérostatiques. Projet de navigation aérienne. Le ballon-comète, par E. Morel, 1 broch. in-8, Vesoul. 1881.

4. *Solution d'un grand problème.* La navigation aérienne réalisable par la substitution au ballon sphérique du ballon en couronne, système de MM. A. Treille et A. Meyer. 1 broch. in-8, avec figures et planche, à Noyon (Oise), 1852.

On ne saurait croire jusqu'où pourrait nous

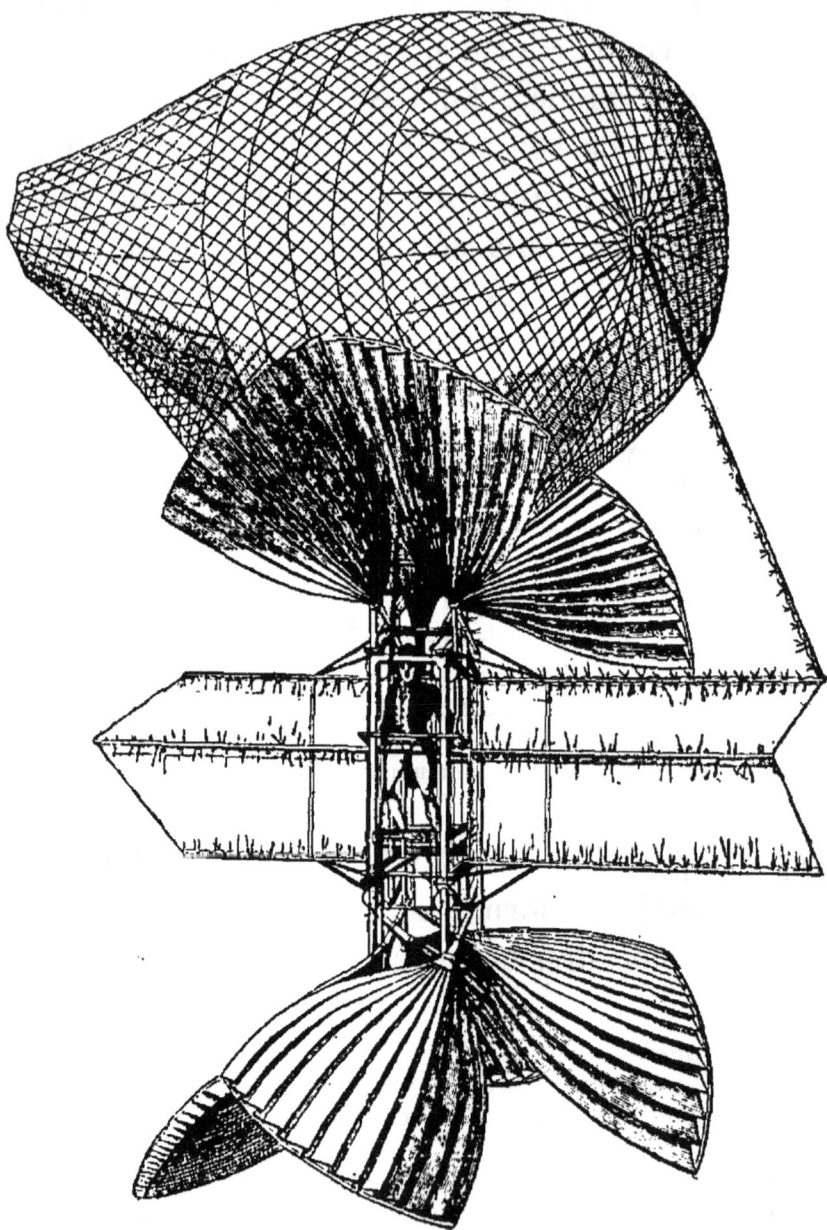

Fig. 77. — Propulseur de Guillaume (1816).

entraîner cette revue des projets de ballons dirigeables ; en outre de ceux que je viens de mention-

ner, j'en possède encore des centaines dans mes
cartons et dans ma bibliothèque aérostatique ; si les
formes varient, les systèmes de propulsions sont
aussi multiples et souvent invraisemblables. Voici

Fig. 78. — Aérostat d'Emile Gire (1845).

le projet d'un nommé Guillaume, dont nous reproduisons l'affiche (fig. 77), et qui en 1816, fit une
tentative au champ de Mars. Voici l'aérostat d'Emile
Gire, qui, en 1845, publia le dessin de son singulier

appareil à éolipyle (fig. 78) ; il le proposait comme
une *machine de guerre* redoutable[1].

Voici l'extraordinaire propulseur proposé en 1860
par Gontier-Grisy[2], deux ans avant le système d'aérostat cylindrique qu'il avait imaginé et dont nous

Fig. 79. — Propulseur de Gontier-Grisy (1860).

avons parlé un peu plus haut (fig. 79). Il est formé
de *stores* fixées à chaque partie recourbée d'une
tringle ! C'est la description qu'en donne l'auteur.

1. *Mémoire sur la direction des aérostats*, par Emile Gire, Paris,
1843. In-8 de 16 pages, avec planches.

2. *Propulseur aérostatique*, par Gontier-Grisy, Luxembourg 1860.
n-8° de 16 pages, avec planches.

Voici enfin un autre propulseur proposé par M. Ziégler en 1868[1] ; cet appareil, d'une complication inouïe (fig. 80), a été exposé dans le jardin des Tuileries pendant la durée de l'Exposition universelle de 1878. Pourquoi rechercher ces roues, ces rames, ces aubes, quand il est si simple de recourir à une hélice actionnée par un moteur puissant et léger ?

Un inventeur nommé Lasssie a été jusqu'à proposer le ballon à vis, qui en tournant sur son axe se visserait dans l'atmosphère (fig. 81) ! Voici comment il décrit ce curieux système.   ᵒ

Le navire aérien est un cylindre métallique de 52 mètres de diamètre et long de 10 diamètres ou de 520 mètres. Quatre voilures de 9 mètres de hauteur sont soudées par-dessus, en forme de spirales faisant un tour et demi sur toute sa longueur ; c'est donc une grande vis aérienne plus grande que le cylindre ou que le navire lui-même qui lui sert d'axe ; en faisant un tour et demi sur lui-même, il parcourt 520 mètres de distance : pour produire ce mouvement de rotation, 640 hommes placés au centre du gaz ou centre du cylindre, dans le tunnel ou tube métallique de 260 centimètres de diamètre, marchent circulairement au commandement du sifflet, comme les écureuils qui font tourner leurs cages.

Un autre projet analogue a été publié en 1878, par un nommé Desplats, qui proposait de faire monter dans l'atmosphère un aérostat sphérique dont la surface extérieure était hélicoïdale. Cet

_____

1. *Propulseur universel pour la direction des aérostats*, Paris. in-8° de 16 pages avec figures.

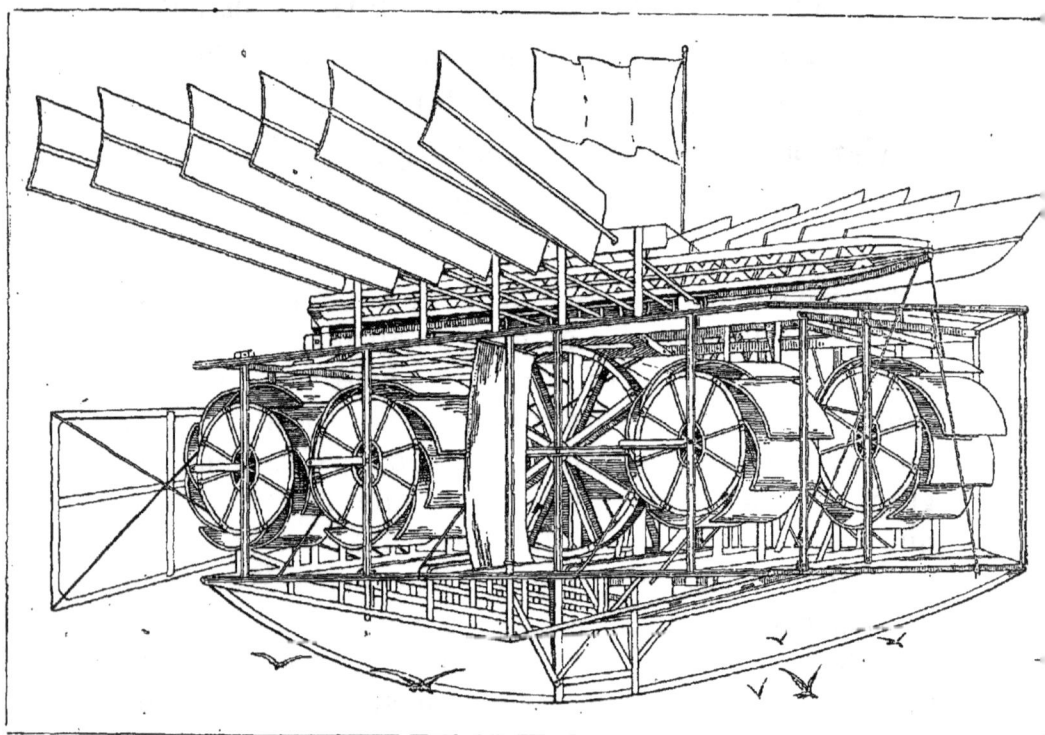

Fig. 80. — Propulseur aérostatique de Ziégler (1868).

aérostat devait tourner sur son axe[1]. Nous citerons encore dans un ordre d'idée semblable le ballon cylindrique « garni dans sa longueur de voiles disposées en hélice » proposé antérieurement, en 1835, par un mécanicien nommé Pierre Ferrand[2].

N'oublions pas, parmi l'énumération que nous publions ici, de citer les projets de direction d'aérostats au moyen d'*oiseaux dressés et attelés*. Cette idée a été émise dès 1783. En 1845, Mme Tessiore, née Vitalis, publia à ce sujet une brochure où elle proposait de conduire un ballon allongé par un

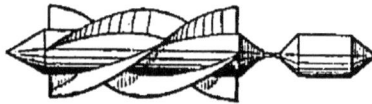

Fig. 81. — Ballon à vis de Lassie

gypaète, grand vautour des Alpes. Une lithographie publiée à cette époque représente ce curieux système de navigation aérienne.

La structure des oiseaux de grande espèce, dit l'auteur, leur puissance de vol, l'intinct de la conservation, servent à démontrer que l'industrie humaine parviendrait promptement à dresser ces

1. *Projet du ballon tournant dirigible* (sic) le *Demi-Monde*, par Desplats Michel. En vente à l'Exposition universelle de Paris, 1878, section République Argentine. in-8 de 16 pages avec photographie.

2. *Projet pour la direction de l'aérostat par les oppositions utilisées*, par Pierre Ferrand. In-8 de 32 pages, avec planches hors texte.

rapides coursiers dont quelques-uns ont jusqu'à 12 à 15 pieds d'envergure.

On observe chez les oiseaux une grande légèreté spécifique. Leurs muscles pectoraux, destinés à agiter leurs ailes, ont une force énorme, comparée au poids et au volume de leur corps, et la physique nous démontre qu'un ballon surnage dans les airs sur un fluide. Donc les aérostats, remorqués par une puissance aérienne, suivraient, même contre le vent, la direction prise par l'oiseau remorqueur.

Nous ne devons pas omettre de mentionner un inventeur qui a eu l'idée de construire un ballon aimanté. D'après lui, ce ballon « serait toujours *attiré* vers le pôle nord! »

Nous pourrions encore parler des ballons à pointes redressées *tournant sur leur axe*, des ballons à *soufflets propulseurs*, des *chemins de fer aériens*, et de mille autres projets plus ou moins fantaisistes.

Si les systèmes de ballons et de propulseurs sont nombreux, les moteurs proposés ne le sont pas moins : moteurs à acide carbonique, à mélanges détonants et à poudre.

On va voir quelles ont été les ressources de la vapeur appliquée aux aérostats.

QUATRIÈME PARTIE

LES NAVIRES AÉRIENS A HÉLICE

Il n'est pas possible de dire où s'arrêteront, dans l'avenir, l'économie et la rapidité des transports aériens.

HENRI GIFFARD.

Il a fallu bien des siècles pour transformer le radeau flottant en un rapide paquebot à hélice; mais qu'est-ce qu'un siècle pour Dieu éternel qui conduit l'humanité.

DUPUY DE LÔME.

J

HENRI GIFFARD ET LE PREMIER AÉROSTAT A VAPEUR

Les débuts d'Henri Giffard. — Construction et expérimentation
du premier navire aérien à vapeur le 24 septembre 1852. —
Second aérostat dirigeable à vapeur de 1855. — Essai de
1856. — La découverte de l'*injecteur*. — Les ballons captifs à
vapeur. — Mort de l'inventeur.

Henri Giffard est né à Paris, le 8 janvier 1825 ; il
fit ses études au collège Bourbon, et dès son jeune
âge le génie de la mécanique était déjà développé
dans son cerveau. Il m'a souvent raconté qu'en
1839 et 1840, alors qu'il n'avait que quatorze ou
quinze ans, il trouvait le moyen de s'échapper de
sa pension pour aller voir passer les premières locomotives du chemin de fer de Paris à Saint-Germain.
Deux ans après, il entrait comme employé dans les
ateliers de ce chemin de fer ; mais son ambition
était de conduire lui-même les locomotives. Il y
réussit, et il eut le plaisir de faire glisser sur les
rails, aussi vite qu'il le pouvait, les premiers trains
de chemins de fer français.

Henri Giffard n'avait que dix-huit ans quand il
commença à s'occuper de navigation aérienne ; fils

de parents modestes, il n'avait aucune fortune; sa
bourse était vide, et son ambition était grande. Il se
lia avec deux jeunes élèves de l'École centrale, David
et Sciama, et tous trois se mirent à méditer la
construction d'un navire aérien à vapeur. — Giffard
voulut d'abord connaître l'atmosphère qu'il s'agissait de vaincre, et il exécuta plusieurs ascensions à
l'Hippodrome sous les auspices d'Eugène Godard et
du directeur Arnaud. Il s'adonna avec passion à la
construction des machines à vapeur légères, et il
arriva à réaliser une machine de trois chevaux du
poids de 45 kilogrammes, faisant trois mille tours
par minute. Après ces études préliminaires, il prit
en août 1851 un brevet pour l'*application de la
vapeur à la navigation aérienne,* où il décrit avec
beaucoup de science un aérostat allongé, muni
d'un propulseur à vapeur.

Que faire, dit le jeune ingénieur, pour réduire au
minimum la résistance du milieu, ou, en d'autres
termes, pour faciliter au plus haut point le passage de
cette masse à travers l'atmosphère? La réponse se fait
naturellement.... Il faut donner au volume gazeux le
plus grand allongement possible dans le sens de son
mouvement, de telle sorte que l'étendue transversale
qu'il offre et de laquelle dépend en grande partie la
résistance, soit diminuée dans la même proportion[1].

Giffard calcule le pas de l'hélice, l'effort de propulsion, tous les détails de son navire aérien qu'il

---

1. *Application de la vapeur à la navigation aérienne,* par
M. Henri Giffard. In-4º de 28 pages avec planche hors texte. Imprimerie de Pollet. 1851.

présente d'abord sous l'aspect de la figure ci-dessous
(fig. 82), reproduite d'après un prospectus publié
à peu près à cette époque.

David et Sciama, qui avaient quelques ressources
pécuniaires, prêtèrent à Giffard la somme nécessaire pour la construction du premier ballon dirigeable. L'expérience devait être exécutée en public,
à l'Hippodrome; l'aérostat était disposé pour être
gonflé au gaz de l'éclairage.

Après bien des déboires, bien des difficultés, et
plusieurs tentatives avortées, l'expérience eut lieu

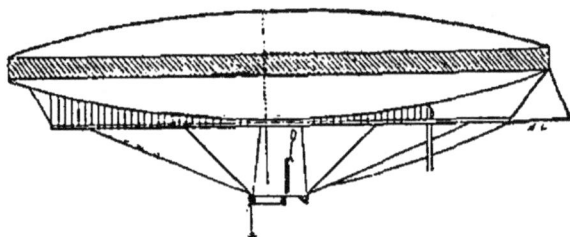

Fig. 82. — Premier projet de Henri Giffard.

le 24 septembre 1852, au milieu de l'admiration
et de l'étonnement des spectateurs peu nombreux
qui étaient présents. Émile de Girardin se trouvait
parmi ceux-ci; le grand publiciste comprit l'importance de la belle tentative dont il avait été témoin, et il publia dans la *Presse* datée 26 septembre, sous le titre : *Le risque et l'invention*, un
article des plus élogieux à l'égard du jeune ingénieur. En voici un extrait :

Hier, vendredi 24 septembre, un homme est parti
imperturbablement assis sur le tender d'une machine
à vapeur, élevée par un ballon ayant la forme d'une

immense baleine, navire aérien pourvu d'un mât servant de quille et d'une voile tenant lieu de gouvernail.

Ce Fulton de la navigation aérienne se nomme Henri
Giffard.

C'est un jeune ingénieur qu'aucun sacrifice, aucun
mécompte, aucun péril n'ont pu décourager ni détourner de cette entreprise audacieuse, où il n'avait
pour appui que deux jeunes ingénieurs de ses amis,
MM. David et Sciama, anciens élèves de l'École centrale.

Il est parti de l'Hippodrome. C'était un beau et dra-
matique spectacle que celui de ce soldat de l'idée,
affrontant, avec l'intrépidité que l'invention communique à l'inventeur, le péril, peut-être la mort; car
à l'heure où j'écris, j'ignore encore si la descente
a pu s'opérer sans accident et comment elle a pu
s'opérer....

La notice d'Émile de Girardin était suivie du
récit de la grande expérience aérostatique, écrit
par Henri Giffard lui-même. Nous reproduisons
in extenso cet important document.

L'appareil aéronautique dont je viens de faire l'expérience, a présenté pour la première fois dans l'atmosphère la réunion d'une machine à vapeur et d'un
aérostat d'une forme nouvelle et convenable pour la
direction.

Cet aérostat est allongé et terminé par deux pointes;
il a 12 mètres de diamètre au milieu, et 44 mètres de
longueur; il contient environ 2500 mètres cubes de gaz;
il est enveloppé de toutes parts, sauf à la partie inférieure et aux pointes, d'un filet dont les extrémités ou
pattes d'oie viennent se réunir à une série de cordes
fixées à une traverse horizontale en bois, de 20 mètres
de longueur; cette traverse porte à son extrémité une
espèce de voile triangulaire assujettie par un de ses

côtés à la dernière corde partant du filet, et qui lui
tient lieu de charnière ou axe de rotation (fig. 85).

Cette voile représente le gouvernail et la quille; il
suffit, au moyen de deux cordes qui viennent se réunir
à la machine, de l'incliner de droite à gauche pour
produire une déviation correspondante à l'appareil et
changer immédiatement de direction. A défaut de cette
manœuvre, elle revient aussitôt se placer d'elle-même
dans l'axe de l'aérostat, et son effet normal consiste alors

Fig. 85. — Le premier aérostat dirigeable à vapeur,
conduit dans les airs le 24 septembre 1852.

à faire l'office de quille ou girouette, c'est-à-dire à
maintenir l'ensemble du système dans la direction du
vent relatif.

A 6 mètres au-dessous de la traverse sont suspendus
la machine à vapeur et tous ses accessoires.

Elle est posée sur une espèce de brancard en bois,
dont les quatre extrémités sont soutenues par des cordes
de suspension, et dont le milieu, garni de planches, est

destiné à supporter les personnes et l'approvisionnement d'eau et de charbon.

La chaudière est verticale et à foyer intérieur sans tubes; elle est entourée extérieurement, en partie, d'une enveloppe en tôle qui, tout en utilisant mieux la chaleur du charbon, permet aux gaz de la combustion de s'écouler à une plus basse température; la cheminée est dirigée de haut en bas, et le tirage s'y opère au moyen de la vapeur qui vient s'y élancer avec force à sa sortie du cylindre, et qui, en se mélangeant avec la fumée, abaisse encore considérablement sa température tout en les projetant rapidement dans une direction opposée à celle de l'aérostat.

La combustion du charbon a lieu sur une grille complètement entourée d'un cendrier, de sorte qu'en définitive il est impossible d'apercevoir extérieurement la moindre trace de feu.

Le combustible que j'emploie est du coke de bonne qualité.

La vapeur produite se rend aussitôt dans la machine proprement dite; celle-ci est à un cylindre vertical dans lequel se meut un piston qui, par l'intermédiaire d'une bielle, fait tourner l'arbre coudé placé au sommet. Celui-ci porte à son extrémité une hélice à 3 patelles de $3^m,40$ de diamètre, destinée à prendre le point d'appui sur l'air et à faire progresser l'appareil. La vitesse de l'hélice est d'environ 110 tours par minute, et la force que développe la machine pour la faire tourner est de 3 chevaux, ce qui représente la puissance de 25 ou 30 hommes. Le poids du moteur proprement dit, indépendamment de l'approvisionnement et de ses accessoires, est de 100 kilogrammes pour la chaudière, et de 58 kilogrammes pour la machine; en tout 159 kilogrammes ou 50 kilogrammes par force de cheval, ou bien encore 5 à 6 kilogrammes par force d'homme; de sorte que s'il s'agissait de produire le même effet par ce dernier moyen, il faudrait, ce qui serait impossible, enle-

ver 25 à 30 hommes représentant un poids moyen de
1800 kilogrammes, c'est-à-dire un poids douze fois
plus considérable. De chaque côté de la machine sont
deux bâches, dont l'une contient le combustible et
l'autre l'eau destinée à être refoulée dans la chaudière
au moyen d'une pompe mue par la tige du piston. Cet
approvisionnement représente également la quantité de
lest dont il est indispensable de se munir même en
assez grande quantité, pour parer aux fuites du gaz par
les pores du tissu; de sorte qu'ici la dépense de la machine, loin d'être nuisible, a pour effet très avantageux
de délester graduellement l'aérostat, sans avoir recours
aux projections de sable ou à tout autre moyen employé
habituellement dans les ascensions ordinaires.

Enfin, l'appareil moteur est monté tout entier sur
quelques roues mobiles en tous sens, ce qui permet de le
transporter facilement à terre; cette disposition pourrait,
en outre, être utile, dans le cas où la machine viendrait
toucher le sol avec une certaine vitesse horizontale.

Si l'aérostat était rempli de gaz hydrogène pur, il
pourrait enlever en totalité 2800 kilogrammes : ce qui
lui permettrait d'emporter une machine beaucoup plus
forte et un certain nombre de personnes. Mais, vu
les difficultés de toutes espèces de se procurer un
pareil volume, il est nécessaire d'avoir recours au gaz
d'éclairage, dont la densité est, comme on sait, très
supérieure à celle de l'hydrogène. De sorte que la force
ascensionnelle totale de l'appareil se trouve diminuée
de 1000 kilogrammes et réduite à 1800 kilogrammes
environ, distribués comme suit :

Aérostat avec la soupape. . . . . 320 kil.
Filet 150
Traverse, corde de suspension, gouvernail, cordes
    d'amarrage. 300
Machine et chaudière vide 150

A reporter. . . . . . 920 kil.

Report.	920 kil.
Eau et charbon contenus dans la chaudière au moment du départ	60
Châssis de la machine, brancard, planches, roues mobiles, bâches à eau et à charbon.	420
Corde traînante pour arrêter l'appareil en cas d'accident	80
Poids de la personne conduisant l'appareil.	70
Force ascensionnelle nécessaire du départ.	10
	1560 kil.

Il reste donc à disposer d'un poids de 248 kilogrammes, qu'il est prudent d'affecter uniquement à l'approvisionnement d'eau, de charbon, et par conséquent de lest. Tout ceci posé, le problème à résoudre pouvait être envisagé sous deux points de vue principaux, la suspension convenable d'une machine à vapeur et de son foyer sous un aérostat de forme nouvelle pleine de gaz inflammable, et la direction proprement dite de tout le système dans l'air.

Sous le premier rapport, il y avait déjà des difficultés à vaincre. En effet, jusqu'ici les appareils aérostatiques enlevés dans l'atmosphère s'étaient bornés invariablement à des globes sphériques ou ballons, tenant suspendu par un filet un poids quelconque, soit une nacelle ou espèce de panier pouvant contenir une ou plusieurs personnes, soit tout autre objet plus ou moins lourd; toutes les expériences tentées en dehors de cette primitive et unique disposition avaient eu lieu, ce qui est infiniment plus commode et moins dangereux, sur de petits modèles tenus captifs par l'expérimentateur; le plus souvent elles étaient restées à l'état de projet ou de promesse.

En l'absence de tout fait antérieur suffisamment concluant et malgré les indications de la théorie, je devais encore concevoir certaines craintes sur la stabilité de l'appareil; l'expérience est venue pleinement rassurer à cet égard, et prouver que l'emploi d'un aérostat allongé, le seul que l'on puisse espérer diriger convenablement, était, sous tous les autres rapports, aussi avantageux que possible, et que le danger résultant de la réunion du feu et d'un gaz inflammable pouvait être complètement illusoire.

Pour le second point, celui de la direction, les résultats obtenus ont été ceux-ci : dans un air parfaitement calme, la vitesse du transport en tous sens est de 2 à 3 mètres par seconde ; cette vitesse est évidemment augmentée ou diminuée, par rapport aux objets fixes, de toute la vitesse du vent, s'il y en a, et suivant qu'on marche avec ou contre, absolument comme pour un bateau montant ou descendant un courant quelconque ; dans tous les cas, l'appareil a la faculté de dévier plus ou moins de la ligne du vent et de former avec celle-ci un angle qui dépend de la vitesse de ce dernier.

Ces résultats sont d'ailleurs conformes à ceux que la théorie indique, et je les avais à peu près prévus d'avance à l'aide du calcul et des faits analogues relatifs à la navigation maritime.

Telles sont les conditions dans lesquelles se trouve ce premier appareil ; elles sont certainement loin d'être aussi favorables que possible ; mais si l'on réfléchit aux difficultés de toute nature qui doivent entourer ces premières expériences, faites avec des moyens d'exécution excessivement restreints et à l'aide de matériaux incomplets et imparfaits, on sera convaincu que les résultats obtenus, quelque incomplets qu'ils soient encore, doivent conduire dans un avenir prochain à quelque chose de positif et de pratique. Pour cela que faut-il ?

Un appareil plus considérable, permettant l'emploi d'un moteur relativement beaucoup plus puissant, et ayant à sa disposition toutes les ressources pratiques accessoires sans lesquelles il lui est impossible de fonctionner convenablement.

Je me propose, d'ailleurs, d'aller au-devant de

toutes les objections, en faisant connaître les principes généraux, théoriques et pratiques, sur lesquels je crois que la navigation aérienne par la vapeur doit être basée.

Les diverses explications que je viens de donner, me dispensent d'entrer dans de longs détails sur le voyage aérien que j'ai fait; je suis parti seul de l'Hippodrome, le 24, à cinq heures un quart; le vent soufflait avec une assez grande violence; je n'ai pas songé un seul instant à lutter directement contre le vent, la force de la machine ne me l'eût pas permis : cela était prévu d'avance et démontré par le calcul; mais j'ai opéré avec le plus grand succès diverses manœuvres de mouvement circulaire et de déviation latérale.

L'action du gouvernail se faisait parfaitement sentir, et à peine avais-je tiré légèrement une de ses deux cordes de manœuvre, que je voyais immédiatement l'horizon tournoyer autour de moi; je suis monté à une hauteur de 1500 mètres, et j'ai pu m'y maintenir horizontalement à l'aide d'un nouvel appareil que j'ai imaginé, et qui indique immédiatement le moindre mouvement vertical de l'aérostat.

Cependant la nuit approchant, je ne pouvais rester plus longtemps dans l'atmosphère; craignant que l'appareil n'arrivât à terre avec une certaine vitesse, je commençai à étouffer le feu avec du sable; j'ouvris tous les robinets de la chaudière : la vapeur s'écoula de toutes parts avec un fracas horrible; j'eus un moment la crainte qu'il ne se produisît un phénomène électrique, et pendant quelques instants je fus enveloppé d'un nuage de vapeur qui ne me permettait plus de rien distinguer. J'étais en ce moment à la plus grande élévation que j'aie atteinte; le baromètre marquait 1800 mètres; je m'occupai immédiatement de regagner la terre, ce que j'effectuai très heureusement dans la commune d'Élancourt, près Trappes, dont les habitants m'accueillirent avec le plus grand empressement et

m'aidèrent à dégonfler l'aérostat. A dix heures, j'étais
de retour à Paris. L'appareil a éprouvé à la descente
quelques avaries insignifiantes qui seront bientôt répa-
rées, et alors je m'empresserai de renouveler cette
expérience, soit par moi-même, soit en la confiant à
l'habileté et à la hardiesse de mes collaborateurs. Je ne
terminerai pas sans faire savoir que j'ai été puissamment
secondé dans cette entreprise par MM. David et Sciama,
ingénieurs civils, anciens élèves de l'École centrale;
c'est grâce à leur dévouement sans bornes, aux sacrifices
de toute espèce qu'ils se sont imposés, et à leur concours intelligent, que j'ai pu exécuter ma première
expérience. Sans eux, il m'eût été probablement impossible de la mettre à exécution dans un avenir
prochain.

Je saisis avec empressement cette occasion de
leur en témoigner publiquement toute ma reconnaissance; c'est pour moi un devoir et une vive satisfac-
tion.

HENRI GIFFARD.

Après sa magnifique tentative de 1852, Henri
Giffard ne pensa qu'à recommencer une nouvelle
expérience dans des conditions plus favorables
encore. En 1855, il construit un nouveau ballon
allongé, qui peut être considéré comme un prodige
de hardiesse. Cet aérostat n'avait pas moins de
70 mètres de longueur et 10 mètres seulement de
diamètre au milieu. Il avait l'aspect d'un cigare
à deux pointes. Il cubait 3200 mètres. Giffard modifia le système d'attache de la machine à vapeur,
fixa la traverse de bois à la partie supérieure du
navire aérien, dont il lui faisait embrasser la
forme ovoïdale, modifia très heureusement son mo-

teur et s'éleva avec un des aéronautes qui l'ont
aidé dans ses constructions, M. Gabriel Yon, que
nous allons retrouver plus tard avec M. Dupuy
de Lôme.

Le départ s'effectue de l'usine à gaz de Cour-
. celles, et si M. Giffard ne peut pas encore obtenir
la direction absolue, il confirme victorieusement
ses premiers résultats, obtient la déviation latérale
du navire aérien, et à plusieurs reprises il le fait
dévier de la direction du vent par les mouvements
combinés du gouvernail et de l'hélice.

Au moment du départ, la machine était chauffée
à toute pression, et les spectateurs présents virent
avec admiration l'appareil tenir tête au vent pendant quelques instants. La descente fut périlleuse;
par suite de l'excès d'allongement, le ballon ne garda
pas sa stabilité; une de ses pointes se releva et le
système eut la tendance à prendre la position verticale. En touchant terre, l'aérostat sortit du filet,
qui tomba sur la tête des aéronautes. Il fit une
seconde ascension et retomba en se séparant en
deux morceaux qui furent recueillis à une faible
distance du lieu de l'atterrissage.

C'est pendant cette même année 1855 que Giffard prit, à la date du 6 juillet, un second brevet
sur son *système de navigation aérienne*. Le texte
de ce brevet, publié dans le *Génie industriel* de
MM. Armengaud frères[1], est un monument aérostatique d'un puissant intérêt. L'audacieux ingénieur

1. *Le Génie industriel*, Revue des inventions françaises et
étrangères. Tome XXIX°, Paris, 1855, page 251.

étudie d'une façon très complète les conditions
de construction d'un aérostat allongé de la forme
que représente la gravure ci-dessous (fig. 84), dont
nous donnons la reproduction exacte, et d'un
volume immense, de 220 000 mètres cubes. La
longueur totale de ce navire aérien devait être de
600 mètres et son diamètre au milieu de 50 mètres.
Un tel aérostat, dont la construction ne sera peut-
être pas impossible dans l'avenir, pourrait enlever

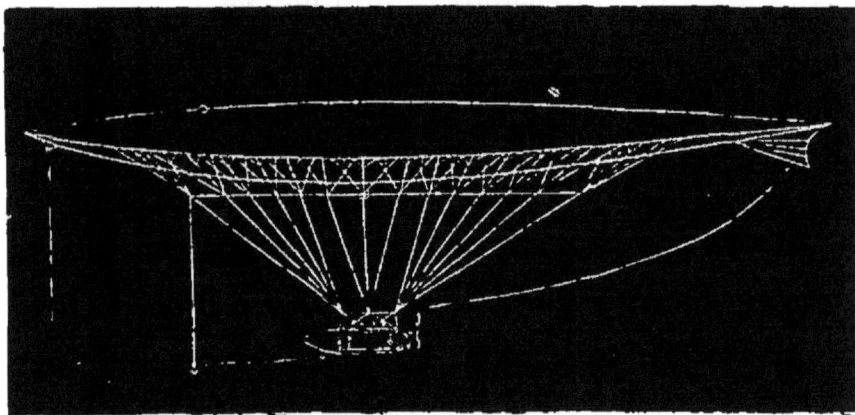

Fig. 84. — Projet d'un aérostat à vapeur gigantesque
de 600 mètres de longueur, étudié par Henri Giffard en 1856.

un moteur de 30 000 kilogrammes, avec un excès
de force ascensionnelle considérable pour les voyageurs, le lest et les approvisionnements. Henri
Giffard démontre par le calcul que la vitesse propre
de ce navire pourrait atteindre 20 mètres par seconde, et par conséquent dominer presque tous les
vents.

Giffard se proposait de construire un aérostat
semblable, en lui donnant une pointe un peu plus

effilée à l'arrière qu'à l'avant. La forme de l'aérostat devait être maintenue rigide au moyen
d'une arête fixée sur le sommet et dans toute sa
longueur.

Cette pièce, dit Giffard, est destinée à résister à
l'effort de compression qui résulte de l'inclinaison
des cordes de suspension; elle peut être ronde,
pleine, creuse, ou présenter une forme quelconque;
on peut aussi, au lieu d'une, en placer deux, éloignées
l'une de l'autre de quelques degrés; on pourrait enfin
en placer une ou deux en un point quelconque du
filet ou de la suspension, et même au-dessous de
l'aérostat, pourvu qu'on arrive au résultat principal
de soustraire l'aérostat à tout effort de compression.
Toute la partie inférieure de l'aérostat est garnie sur
toute la longueur, ou à peu près, d'une série de fils
ou bandes, ou tissus élastiques et tendus. Cette élasticité a pour but de maintenir le tissu de l'aérostat
dans un état continuel de tension, de s'opposer à toute
rentrée d'air dans l'intérieur, et par suite à tout
mélange de gaz et d'air, et de réduire la section
transversale et, par suite, la résistance de l'air, pro-
portionnellement au volume de gaz contenu, volume
qui varie continuellement en raison de la hauteur,
de la déperdition qui a eu lieu précédemment, de la
température, et du vide primitif qui a pu être laissé
à dessein au moment du départ.

Tout en faisant ces savantes études, le jeune ingénieur voulait continuer à bien étudier en petit, les
conditions de stabilité et de fonctionnement dans
l'air des aérostats allongés. En 1856, il avait construit le navire aérien que représente la gravure

ci-contre[1] (fig. 85). Ce ballon, de très petit volume, était muni d'une hélice que l'aéronaute devait lui-même faire fonctionner : il s'agissait simplement de faire certaines observations expérimentales. On essaya de remplir cet aérostat au moyen de gaz hydrogène, que préparait alors un chimiste nommé M. Gillard en décomposant la vapeur d'eau par le charbon, mais le gonflement ne put être achevé.

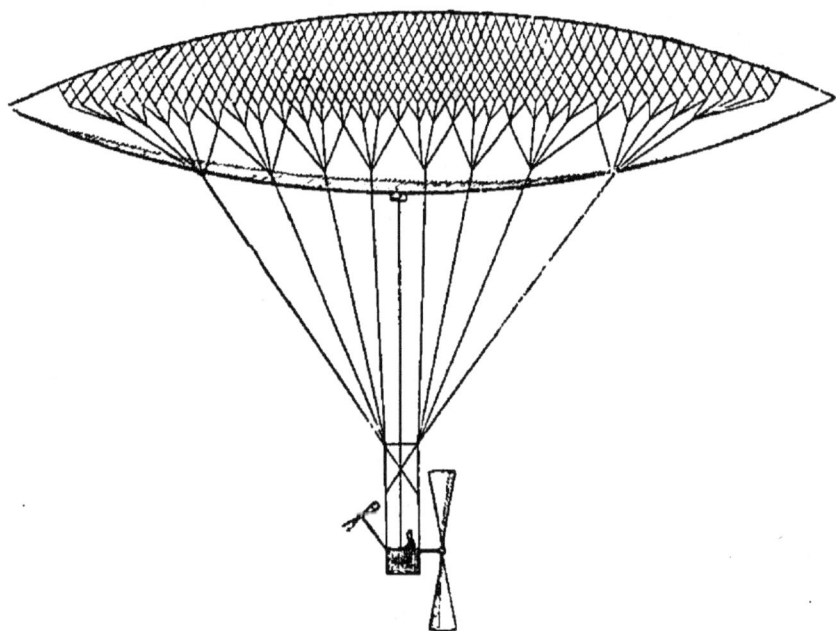

Fig. 85. — Petit aérostat allongé d'expérimentation
construit par Henri Giffard en 1856.

Toutes ces expériences étaient fort coûteuses ; Giffard dut les abandonner. Il construisit avec Flaud, qui fonda alors l'atelier de mécanique devenu depuis longtemps déjà l'un des établisse-

1. La gravure que nous publions ici pour la première fois, est faite d'après l'épure originale de Giffard, actuellement en la possession de M. G. Yoii.

ments industriels les plus importants de Paris, de remarquables petites machines à vapeur à grande vitesse, qui lui rapportèrent bientôt une centaine de mille francs. Le jeune ingénieur put rembourser ce que lui avaient prêté ses amis David et Sciama (il eut malheureusement la douleur de les perdre successivement l'un et l'autre). Il donna bientôt naissance à l'injecteur des machines à vapeur, une des plus étonnantes inventions de la mécanique moderne, qui devait faire sa fortune.

Henri Giffard devint plusieurs fois millionnaire, mais il ne cessa jamais d'être le travailleur modeste et simple qu'on avait pu connaître au début de sa carrière. Les ballons restèrent sa préoccupation constante et l'objet de ses travaux les plus assidus. Il construisit le premier aérostat captif à vapeur, lors de l'Exposition universelle de 1867. L'année suivante, il fit installer à Londres un second aérostat captif qui cubait 12 000 mètres et qui avait nécessité des constructions gigantesques. Ce matériel coûta plus de 700 000 francs, que M. Henri Giffard perdit entièrement, sans proférer une seule plainte. L'éminent ingénieur ne regrettait jamais la dépense d'une expérience, si coûteuse qu'elle fût, parce que, disait-il, on en tirait toujours quelque profit.

Henri Giffard fut ainsi conduit peu à peu à donner naissance au grand ballon captif à vapeur de 1878, véritable monument aérostatique, que l'on peut appeler une des merveilles de la mécanique moderne. Tout le monde a encore présent à l'esprit ce globe de 25 000 mètres cubes, qui enlevait dans l'espace quarante voyageurs à la fois et ouvrit le panorama de Paris à plus de trente mille personnes pendant la durée de l'Exposition. Tout était nouveau dans cette œuvre colossale, l'aéronautique s'y trouvait transformée de toutes pièces : tissu imperméable, préparation en grand de l'hydrogène, détails de construction modifiés et perfectionnés, Henri Giffard avait tout calculé, tout essayé, tout réalisé. Sa puissance de conception était inouïe ; il pensait à tout et prévoyait tout. C'était un expérimentateur émérite, un mathématicien éminent, un esprit d'une ingéniosité exceptionnelle, un mécanicien hors ligne.

Les grandes constructions aérostatiques, auxquelles il s'était si vaillamment exercé, devaient lui permettre de réaliser le rêve de toute sa vie, de reprendre son expérience de 1852, et d'apporter enfin au monde la solution définitive du problème de la direction des aérostats. Il avait conçu un projet grandiose, celui de la construction d'un aérostat de 50 000 mètres cubes, muni d'un moteur très puissant actionné par deux chaudières, l'une à gaz du ballon, l'autre à pétrole, afin que les pertes de poids de force ascensionnelle pussent s'équilibrer. La vapeur formée par la combustion aurait été recueillie à l'état liquide dans un condensateur à grande surface de manière à équilibrer les pertes d'eau de la chaudière.

Que de fois mon regretté maître ne m'a-t-il pas donné dans ses détails la description de ce monitor de l'air ! Tout était calculé, tout était prêt, jusqu'au

million qui devait lui permettre de l'exécuter, et que
l'illustre ingénieur tenait toujours en réserve, dans
quelques-unes des grandes maisons de banque de
Paris. D'autres projets germaient encore dans son
cerveau : voiture à vapeur, locomotive à très haute
pression, bateau à grande vitesse; conceptions puissantes, étudiées avec une persévérance à toute
épreuve et marquées au sceau du génie.

L'ingénieur, venons-nous de dire, avait tout prévu.
Mais au-dessus de la volonté et de la prévoyance
humaines, il y a les lois fatales de la destinée : les
plus forts doivent s'y soumettre. La maladie est
venue lutter contre les efforts du grand inventeur :
sa vue s'affaiblit, lui rendant tout travail impossible, ce qui le plongea dans une douleur extrême. Il
y avait un peu de l'athlète dans l'âme de Giffard,
et l'idée de se trouver réduit à l'impuissance, le
rendit inconsolable. Il s'enferma, et lui, qui avait
tant aimé la lumière, l'indépendance et l'action, il
vécut dans la solitude et s'éteignit graduellement,
jusqu'au moment où, la tête affolée par la douleur,
il se donna la mort le 15 avril 1882, en respirant
du chloroforme.

II

DUPUY DE LÔME ET L'ÉTUDE DES AÉROSTATS
A HÉLICE

Projet d'un aérostat dirigeable pendant le siège de Paris. —
Navire aérien à hélice de M. Dupuy de Lôme. — Expérience
du 2 février 1872. — Résultats obtenus. — Projet de M. Gabriel Yon.

En 1870, après nos premières défaites et la
chute de l'Empire, Dupuy de Lôme, auquel la construction des premiers navires cuirassés avait
donné une réputation universelle, accepta de faire
partie du Comité de la défense, et il commença
pendant le siège de Paris à s'occuper d'aérostation.
Il présenta à l'Académie des sciences un projet
de ballon dirigeable, pour l'exécution duquel le
gouvernement de la Défense nationale lui ouvrit
un crédit de 40 000 francs (28 octobre 1870).
Mais cet aérostat, en raison des difficultés de construction, ne fut prêt que quelques jours avant
la capitulation, et il ne devait être expérimenté
que deux ans plus tard. M. Dupuy de Lôme a
exposé en 1872 dans les termes suivants les motifs
de ce retard :

C'est le 29 octobre 1870, pendant le siège de Paris par les armées allemandes, que j'ai été chargé de faire exécuter pour le compte de l'État un aérostat dirigeable, conçu conformément aux vues que j'avais exposées à ce sujet à l'Académie des sciences dans les séances des 10 et 17 du même mois.

J'ai accepté cette mission, sans me dissimuler les difficultés que j'allais rencontrer pour l'exécution de mon appareil dans Paris assiégé, avec son industrie désorganisée. Malgré mes efforts et ceux de mes collaborateurs principaux, M. Zédé, ingénieur de la marine, et M. Yon, aéronaute, je n'ai pu réussir assez à temps pour qu'il pût servir pendant le siège.

Des obstacles insurmontables, tels que l'insurrection du 18 mars et le second siège de Paris, suivis d'autres incidents, m'ont contraint de retarder encore l'essai de mon aérostat. Ce n'est qu'au mois de décembre 1871 qu'il m'a été possible de le préparer, dans un local du Fort-Neuf de Vincennes mis à ma disposition par le ministre de la guerre. Une commission, nommée par le ministre de l'instruction publique, a été alors chargée de constater la remise à l'État de l'appareil, et de suivre l'essai que je demandais à en faire le plus tôt possible.

Je rappelle que j'ai posé en principe que, pour obtenir un aérostat dirigeable, il faut d'abord satisfaire aux deux conditions ci-après :

1° La permanence de la forme du ballon, sans ondulations sensibles de la surface de son enveloppe;

2° La constitution, pour l'ensemble de l'aérostat, d'un axe de moindre résistance dans le sens horizontal, et dans une direction sensiblement parallèle à celle de la force poussante.

J'ai satisfait à la condition de permanence de la forme au moyen d'un ventilateur porté et manœuvré dans la nacelle, et mis en communication par un tuyau en étoffe avec un ballonnet placé à l'intérieur du ballon à

sa partie basse. Le volume de ce ballonnet est le dixième
de celui du grand ballon. Cette proportion permet de
descendre de 866 mètres de hauteur, en maintenant le
ballon gonflé malgré l'augmentation correspondante de
la pression barométrique.

Ce ballonnet à air est muni d'une soupape s'ouvrant
de dedans en dehors, et réglée par des ressorts, de telle

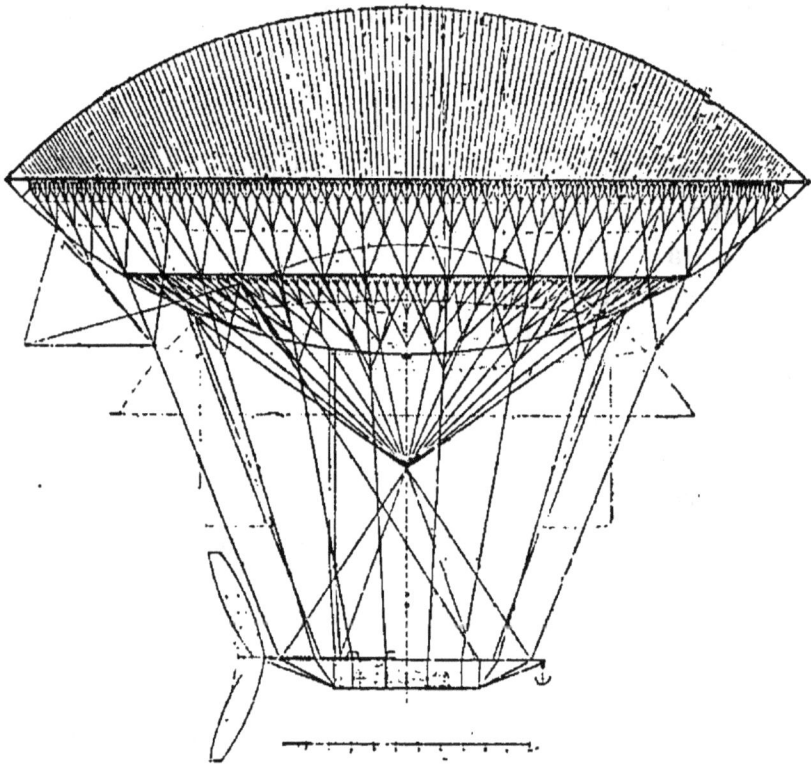

Fig. 86. — Épure de l'aérostat à hélice de Dupuy de Lôme.

façon que si l'on venait à souffler mal à propos, ce
serait l'air insufflé qui s'échapperait du ballonnet
par cette soupape plutôt que de le gonfler en refoulant
l'hydrogène plus bas que l'extrémité inférieure des
pendentifs. Le grand ballon est muni de deux de
ces pendentifs ouverts à l'air libre et descendant à
8 mètres au-dessous du plan tangent à la partie basse
du ballon.

L'aérostat de Dupuy de Lôme cubait 3400 mètres ;
sa longueur de pointe en pointe était de 36 mètres,
son diamètre de 14^m,84 (fig. 86). Gonflé d'hydrogène pur, il avait une force ascensionnelle considérable, et pouvait enlever huit hommes de manœuvre
destinés à faire mouvoir l'hélice de propulsion,
qui n'avait pas moins de 9 mètres de diamètre. Un

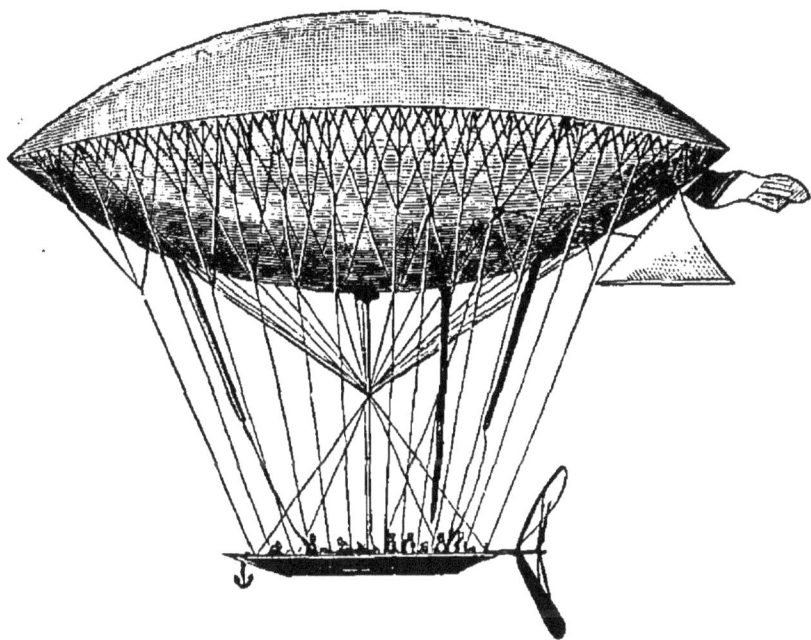

Fig. 87. — L'aérostat à hélice de Dupuy de Lôme,
expérimenté le 2 février 1872.

gouvernail formé d'une voile triangulaire était
à l'arrière.

L'expérience de ce grand navire aérien a été
exécutée le 2 février 1872, dans le fort de Vincennes (fig. 87). Elle fut dirigée par M. Dupuy de
Lôme, accompagné de M. Zédé, officier de marine,
de M. Yon, et de huit hommes de manœuvre.
L'aérostat s'éleva assez rapidement.

Dès que l'hélice a été mise en mouvement, l'influence du gouvernail s'est immédiatement fait sentir dans le sens voulu, ce qui prouvait déjà que l'aérostat avait une vitesse propre par rapport à l'air ambiant.

L'anémomètre présenté au courant d'air à l'avant de la nacelle restait d'ailleurs immobile, tant que l'hélice était stopée, et tournait dès que l'on faisait fonctionner l'hélice motrice; il prouvait donc ainsi que l'aérostat avait une vitesse propre sous l'influence de son moteur...

La stabilité de la nacelle, due à son nouveau mode de suspension, a été parfaite; elle n'éprouvait *aucune oscillation* sous l'action des huit hommes travaillant au treuil de l'hélice, et l'on pouvait se porter facilement plusieurs personnes à la fois à gauche et à droite, ou de l'avant à l'arrière, sans qu'on s'aperçoive d'aucun mouvement, pas plus que sur le parquet d'un salon.

Évidemment le centre de gravité se déplaçant, il y avait un petit changement de quelques fractions de degré dans la verticale de tout le système, ballon et nacelle; mais il était impossible d'apercevoir un mouvement relatif de la nacelle par rapport au ballon, ni rien d'analogue aux oscillations d'une embarcation flottante dont l'équipage se déplace.

M. Dupuy de Lôme a constaté que le navire aérien, sous le jeu de l'hélice, se déviait notablement de la ligne du vent, et il a pu évaluer la vitesse propre du système à 2^m,80 à la seconde.

La descente eut lieu très favorablement au delà de Mondécourt, à 10 kilomètres un quart dans l'est, 17 degrés nord de Noyon.

Il me paraît intéressant, ajoute le savant ingénieur, de relater ici le fait suivant, sans que j'y attache une

importance exagérée; mais il est cependant de nature
à corroborer la confiance que m'inspire la méthode
employée pour mesurer les directions de route et les
vitesses sur le sol.

A 1ʰ,15′, nous avions marqué de notre mieux notre
point sur la carte de l'État-major; malheureusement,
je n'ai pas réussi à ce moment à retrouver sur la terre
la cour du Fort-Neuf de Vincennes, déjà trop éloignée.
Quoi qu'il en soit, M. Zédé a tracé sur la carte, à partir
du nouveau point de départ, les directions et les vitesses que je lui dictais, et quand, sur le point d'atterrir, nous nous sommes demandé quel pouvait être le
village au-dessus duquel nous allions passer, M. Zédé,
confiant dans sa route tracée sur la carte, nous répondit
que ce devait être Mondécourt, sur les confins du
département de l'Oise et de l'Aisne. Un instant après,
les villageois, à qui nous demandions en passant sur
leur tête quel était le nom de leur village, nous répé-
taient en criant le nom de Mondécourt.

D'après Dupuy de Lôme, le résultat de cette expérience peut se résumer ainsi :

1° Stabilité assurée malgré la forme oblongue, grâce
au système du filet de balancine;

2° Maintien de la forme au moyen du ballonnet à
air;

3° Faculté de maintenir le cap dans une direction
voulue, quand l'hélice fonctionne, malgré quelques em-
bardées dues en grande partie à l'inexpérience du ti-
monier;

4° Vitesse déjà importante imprimée à l'aérostat par
rapport à l'air ambiant au moyen de l'hélice mue par
huit hommes, cette vitesse s'étant élevée à 2ᵐ,82 par
seconde, ou 10 ¼ kilomètres pour 27 ½ tours d'hélice par
minute;

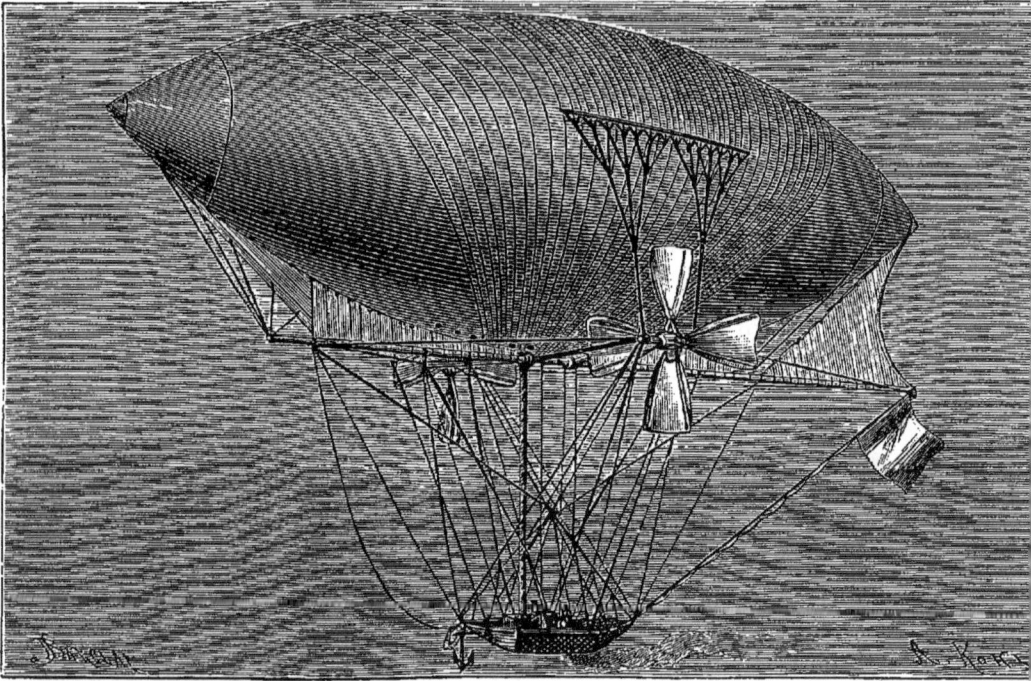

Fig. 88. — Projet d'un aérostat à vapeur à double hélice par M. Gabriel Yon.

5° Le rapport de la vitesse propre de l'aérostat au produit du pas de l'hélice par son nombre de tours est de 76 pour 100; dans mon exposé des plans de l'aérostat, j'avais écrit que ce rapport serait au moins de 74 pour 100. La résistance totale de l'aérostat, comparée à celle de l'hélice, est donc un peu moindre que je ne l'avais estimée;

6° Les huit hommes employés pour obtenir ces 27 $\frac{1}{2}$ tours par minute développaient, en moyenne, un travail dont je n'ai pas la mesure exacte, mais que je ne saurais estimer à plus de 60 kilogrammètres, surtout en raison du frottement anormal de l'arbre de l'hélice dans ses coussinets, dont j'ai parlé précédemment.

Si l'on parvenait à se mettre bien à l'abri des dangers que présente une machine à feu portée par un ballon à hydrogène, on ferait facilement une machine de huit chevaux de 75 kilogrammètres avec le poids des sept hommes, dont on pourrait diminuer le chiffre de l'équipage, en conservant seulement un mécanicien sur les huit hommes employés à tourner l'hélice. Le travail moteur serait ainsi de 600 kilogrammètres, c'est-à-dire dix fois plus grand, et la vitesse de 10 $\frac{1}{4}$ kilomètres à l'heure, obtenue le 2 février, s'élèverait avec le même aérostat à 22 kilomètres à l'heure. Le combustible et l'eau d'alimentation pourraient être prélevés sur le lest de consommation. On obtiendrait ainsi un appareil capable non seulement de se dévier du lit d'un vent d'un angle considérable par des vents ordinaires, mais pouvant même assez souvent faire route par rapport à la terre dans toutes les directions qu'il faudra suivre.

Dupuy de Lôme a publié, après son expérience, un mémoire volumineux et d'un grand intérêt, où il étudie d'une façon magistrale les conditions de fonctionnement des aérostats allongés munis de propulseurs à hélice[1].

L'éminent ingénieur, par sa haute situation, sa notoriété et son influence, aura rendu de grands services à la cause de la navigation aérienne ; sa parole était plus écoutée que celle des humbles pionniers de la science qui, bien avant ses essais, avaient aussi la conviction et la foi.

L'expérience de 1872 ne devait être d'ailleurs qu'une tentative préliminaire, et Dupuy de Lôme, nous venons de le voir, a indiqué que ses huit hommes de manœuvre seraient remplacés par un moteur mécanique.

C'est dans cette voie que M. Gabriel Yon, après l'essai de l'aérostat à hélice, voulut s'engager. L'habile praticien a publié, en 1880, un remarquable travail, où il propose d'exécuter un aérostat à vapeur, dont nous donnons l'aspect d'après un modèle construit en petit (fig. 88)[2]. M. Yon adopte, pour suspendre la nacelle, un système analogue à celui de Dupuy de Lôme, il se sert de deux hélices de propulsion, qu'il place de chaque côté de l'aérostat et à son milieu. Ce projet est fort bien étudié, et l'auteur serait très capable de le mener à bien, s'il avait entre les mains les ressources financières nécessaires à une telle entreprise. .

---

1. Voy. *Aérostat à hélice*, par M. Dupuy de Lôme. In-4°, 1872.
2. *Note sur la direction des aérostats*, par M. L. Gabriel Yon. In-4° avec planches. Paris, Georges Chamerot, 1880.

III

LE PREMIER AÉROSTAT ÉLECTRIQUE

Le petit aérostat dirigeable de l'Exposition d'électricité de Paris en
1881. — Construction d'un navire aérien à propulseur électrique
par MM. Tissandier frères. — Expérience du 8 octobre 1883.
— Deuxième expérience du 26 septembre 1884. — Conclusion

Au commencement de l'année 1881, l'expérience
du bateau électrique de M. G. Trouvé, dans lequel l'ingénieux constructeur employait un petit
moteur dynamo-électrique actionné par une pile au
bichromate de potasse de sa construction, me
donna l'idée d'employer les moteurs électriques à
la navigation aérienne. Henri Giffard se trouvait
condamné par une maladie cruelle, il n'était plus
possible de compter sur ses efforts et sur son
concours : je résolus d'entreprendre des essais en
petit à l'aide d'un modèle de dimension restreinte.
Il n'est pas inutile de rappeler ici les avantages
au point de vue aérostatique d'un moteur qui
fonctionne sans feu, et dont le poids reste con-
stant; ces conditions sont des plus favorables à
la propulsion d'un ballon équilibré dans l'air[1].

1. Nous renvoyons le lecteur désireux d'avoir de plus amples

J'ai installé à l'Exposition d'électricité, en 1881,
un petit ballon allongé, gonflé d'air, qu'actionnait
un minuscule moteur dynamo-électrique sur la
bobine duquel était fixée une hélice, par l'intermédiaire d'une transmission à engrenage. Le générateur d'électricité était formé par deux petits
accumulateurs, que mon savant ami Gaston Planté
avait construits à mon usage. Ce petit ballon,
attelé à un manège, au milieu de la grande nef du
palais de l'Industrie, se mettait à tourner sous le jeu
de son hélice, quand on mettait le moteur en
action, et il atteignait une vitesse de 3 mètres
environ à la seconde, avec une force motrice de
1 kilogrammètre (fig. 89). Le petit aérostat pouvait
être gonflé d'hydrogène pur; il enlevait alors son
moteur et son générateur.

Ces premiers essais étaient encourageants; ils
me décidèrent à aller au delà. Mon frère Albert
Tissandier joignit alors ses efforts aux miens, et
c'est en collaboration, et à frais communs, que
nous avons construit le premier aérostat électrique
qui ait enlevé des voyageurs à l'air libre.

Voici la description succincte de notre appareil :

L'aérostat électrique a une forme semblable à
celle des ballons de M. Giffard et de M. Dupuy de
Lôme; il a 28 mètres de longueur de pointe en
pointe, et 9^m,20 de diamètre au milieu. Il est muni,
à sa partie inférieure, d'un cône d'appendice terminé par une soupape automatique. Le tissu est

détails à ce sujet, à la brochure que nous avons publiée sur les
Ballons dirigeables (Gauthier-Villars, éditeur).

Fig 89 — Petit aérostat électrique de M. Gaston Tissandier à l'Exposition d'électricité en 1881.

formé de percaline, rendue imperméable par un nouveau vernis d'excellente qualité[1]. Le volume du ballon est de 1060 mètres cubes.

La nacelle a la forme d'une cage; elle a été construite à l'aide de bambous assemblés, consolidés par des cordes et des fils de cuivre, recouverts de gutta-percha (fig. 90). La partie inférieure de la nacelle est formée de traverses en bois de noyer qui servent de support à un fond de vannerie d'osier.

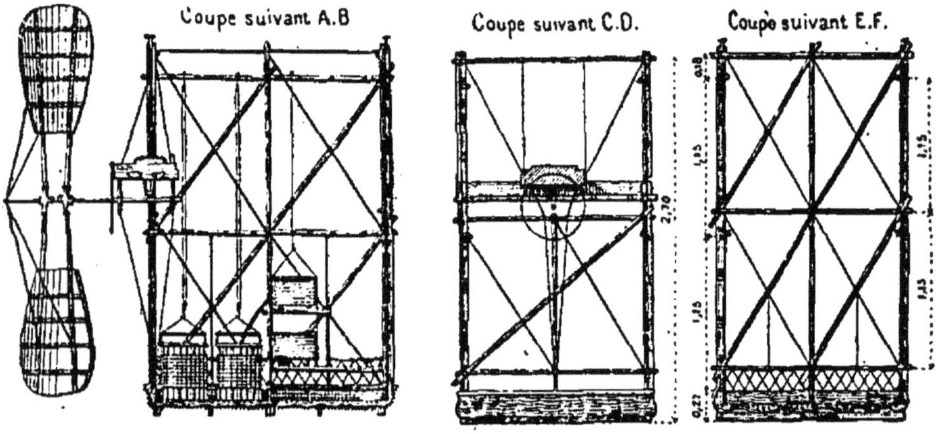

Fig. 90. — Nacelle de l'aérostat électrique de MM. Tissandier frères.

Les cordes de suspension enveloppent entièrement la nacelle; elles sont tressées dans la vannerie inférieure et ont été préalablement entourées d'une gaine de caoutchouc qui, en cas d'accident, les préserveraient du contact du liquide acide contenu dans la nacelle, pour alimenter les piles.

Les cordes de suspension sont reliées horizontalement entre elles par une couronne de cordage,

1. Ce produit est préparé par M. Arnoul, fabricant de vernis à Saint-Ouen-l'Aumône.

située à deux mètres au-dessus de la nacelle.

Les engins d'arrêt pour la descente, guide-rope et corde d'ancre, sont attachés à cette couronne, qui a en outre pour but de répartir également la traction.

La housse de suspension est formée de rubans cousus à des fuseaux longitudinaux qui les maintiennent dans la position géométrique qu'ils doivent occuper. Les rubans, ainsi disposés, s'appliquent parfaitement sur l'étoffe gonflée et ne forment aucune saillie, comme le feraient les mailles d'un filet. Il est très important de n'avoir point à la surface d'un ballon dirigeable de parties saillantes qui offrent à l'air une grande résistance.

La housse de suspension est fixée sur les flancs de l'aérostat, à deux brancards latéraux flexibles, qui en épousent complètement la forme, de pointe en pointe, en passant par l'équateur. Ces brancards sont formés de minces lattes de noyer adaptées à des bambous sciés longitudinalement; ils sont consolidés par des lanières de soie. A la partie inférieure de la housse, des pattes d'oie se terminent par vingt cordes de suspension qui s'attachent par groupe de cinq aux quatre angles supérieurs de la nacelle.

Le gouvernail, formé d'une grande surface de soie non vernie, maintenue à sa partie inférieure par un bambou, y est aussi adaptée à l'arrière.

Le moteur est constitué par une machine dynamo de Siemens, construite spécialement, et ayant une force de 100 kilogrammètres sous le poids de 45 kilogrammes. — L'hélice de propulsion est à deux palettes; elle est attelée à la machine par l'intermédiaire d'une transmission à engrenage. Elle a 2^m,80 de diamètre et fait 180 tours à la minute. La pile au bichromate de ma construction est formée de 24 éléments à grande surface de zinc et à grand débit.

Voici les poids des différentes parties de ce matériel :

Aérostat, avec ses soupapes.	170	kilogrammes
Housse, avec le gouvernail et les cordes de suspension.	70	—
Brancards flexibles latéraux.	54	—
Nacelle	100	—
Moteur, hélice et piles avec le liquide pour les faire fonctionner pendant 2 h. 30	280	—
Engins d'arrêt (ancre et guide-rope	50	—
Poids du matériel fixe. .	704	—
Deux voyageurs avec instruments.	150	—
Poids du lest enlevé.	586	—
Poids total. . .	1240	kilogrammes

Depuis la fin de septembre 1882, l'appareil à gaz construit dans notre atelier d'Auteuil était prêt à fonctionner, l'aérostat était étendu sur le terrain, sous une longue tente mobile, afin de pouvoir être gonflé immédiatement; la nacelle et le moteur étaient tout arrimés sous un hangar qui les contenait; mon frère et moi, nous n'attendions plus que le beau temps pour exécuter notre expérience.

Dès le samedi 6, une hausse barométrique a été signalée ; le dimanche 7, le temps s'est mis au beau, avec vent faible : nous avons décidé que l'expérience aurait lieu le lendemain, lundi 8 octobre 1883.

Le gonflement de l'aérostat a commencé à 8 h. du matin et a été continué sans interruption jusqu'à 2 h. 50 de l'après-midi. Cette opération a été facilitée par des cordes équatoriales qui pendaient à droite et à gauche de l'aérostat, et le long desquelles on descendait les sacs de lest. Le navire aérien étant tout à fait gonflé (fig. 91), il a été procédé de suite à l'installation de la nacelle et des réservoirs d'ébonite, contenant chacun 30 litres de la dissolution acide de bichromate de potasse. A 3 h. 20 m., après avoir entassé le lest dans la nacelle et avoir procédé à l'équilibrage, nous nous sommes élevés lentement dans l'atmosphère par un faible vent E. S. E.

La force ascensionnelle était, en comptant 10 kilogrammes d'excès de force pour l'ascension, de 1250 kilogrammes. Le volume du ballon étant de 1060 mètres, le gaz avait donc une force ascensionnelle de 1180 grammes par mètre cube, résultat qui n'avait jamais été obtenu jusqu'ici dans les préparations en grand de l'hydrogène.

A terre, le vent était presque nul, mais comme cela se présente fréquemment, il augmentait de vitesse avec l'altitude, et nous avons pu constater par la translation de l'aérostat au-dessus du sol qu'il atteignait, à 500 mètres de hauteur, une vitesse de 3 mètres à la seconde.

Fig. 91. — Expérience du premier aérostat électrique de MM. Tissandier frères dans leur atelier d'Auteuil, le 8 octobre 1883, (D'après une photographie.)

Mon frère était spécialement occupé à régler le jeu de lest, dans le but de bien maintenir l'aérostat à une altitude constante et peu éloignée de la surface du sol. L'aérostat a très régulièrement plané à une hauteur de quatre ou cinq cents mètres au-dessus de la terre ; il est resté constamment gonflé, et le gaz en excès s'échappait même par la dilatation, en ouvrant sous sa pression la soupape automatique inférieure, dont le fonctionnement a été très régulier.

Quelques minutes après le départ, j'ai fait fonctionner la batterie de piles au bichromate de potasse, composée de quatre auges à six compartiments, formant vingt-quatre éléments montés en tension. Un commutateur à mercure nous permet de faire fonctionner à volonté six, douze, dix-huit ou vingt-quatre éléments, et d'obtenir ainsi quatre vitesses différentes de l'hélice, variant de soixante à cent quatre vingts tours par minute. Avec 12 éléments en tension, nous avons constaté que la vitesse propre de l'aérostat dans l'air, était insuffisante, mais au-dessus du bois de Boulogne, quand nous avons fait fonctionner notre moteur à grande vitesse, à l'aide des 24 éléments, l'effet produit était tout différent. La translation de l'aérostat devenait subitement appréciable, et nous sentions un vent frais produit par notre déplacement horizontal. Quand l'aérostat faisait face au vent, alors que sa pointe de l'avant était dirigée vers le clocher de l'église d'Auteuil, voisine de notre point de départ, il tenait tête au courant aérien et restait immobile, ce que nous pouvions constater en prenant sur le sol des points de repère au-dessous de notre nacelle.

Après avoir procédé aux expériences que nous venons de décrire, nous avons arrêté le moteur, et l'aérostat a passé au-dessus du Mont-Valérien. Une fois qu'il eut bien pris l'allure du vent, nous avons recommencé à faire tourner l'hélice, en marchant cette fois dans le sens du courant aérien; la vitesse de translation de l'aérostat était accélérée; par l'action du gouvernail nous obtenions facilement alors des déviations à gauche et à droite de la ligne du vent. Nous avons constaté ce fait en prenant comme précédemment des points de repère sur le sol; plusieurs observateurs l'ont d'ailleurs vérifié, à la surface du sol.

A 4 h. 35 m., nous avons opéré notre descente dans une grande plaine qui avoisine Croissy-sur-Seine; les manœuvres de l'atterrissage ont été exécutées par mon frère avec un plein succès. Nous avons laissé l'aérostat électrique gonflé toute la nuit, et le lendemain, il n'avait pas perdu la moindre quantité de gaz; il était aussi bien gonflé que la veille. Peintres, photographes ont pu prendre l'aspect de notre navire aérien, au milieu d'une foule nombreuse et sympathique, que la nouveauté du spectacle avait attirée de toutes parts.

Nous aurions voulu recommencer le jour même une nouvelle ascension; mais le froid de la nuit avait déterminé la cristallisation du bichromate de potasse dans nos réservoirs d'ébonite, et la pile, qui était loin d'être épuisée, se trouvait cependant ainsi hors d'état de fonctionner. Nous avons fait conduire l'aérostat à l'état captif sur le rivage de la Seine près du pont de Croissy, et là, à notre grand regret, nous avons dû procéder au dégonflement, et perdre en quelques instants le gaz que nous avions mis tant de soins à préparer.

Sans entrer dans de plus longs détails au sujet de notre retour[1], nous pouvons conclure de cette première expérience :

Que l'électricité fournit à l'aérostat un moteur des plus favorables, et dont le maniement dans la nacelle est d'une incomparable facilité;

Que dans le cas particulier de notre aérostat électrique, quand notre hélice de $2^m,80$ de diamètre tournait avec une vitesse de 180 tours à la minute, avec un travail effectif de 100 kilogrammètres, nous arrivions à tenir tête à un vent de 5 mètres environ à la seconde et, en descendant le courant, à nous dévier de la ligne du vent avec une grande facilité;

Que le mode de suspension d'une nacelle à un aérostat allongé, par des sangles obliques mainte-nues au moyen de brancards latéraux flexibles, assure une stabilité parfaite au système.

A la suite de l'ascension que nous avons exécutée le 8 octobre 1883, nous avons dû modifier quelques parties du matériel et refaire notamment de toutes

---

1. Nous dirons ici que notre matériel a pu être ramené à Paris sans que rien absolument ait subi la moindre avarie; grâce à un mode spécial de fermeture de nos réservoirs d'ébonite, pas une goutte de liquide n'a été répandue dans la nacelle, et pas un seul charbon mince de la pile n'a été cassé.

pièces le gouvernail (fig. 92), dont le rôle n'est pas moins important que celui du propulseur.

Nous avons exécuté, le vendredi 26 septembre 1884, un deuxième essai ; il a donné tous les résultats que nous pouvions attendre d'une construction faite exclusivement dans un but d'étude expérimentale. Notre aérostat, dont la stabilité n'a jamais rien laissé à désirer, obéit à présent avec la plus grande sensibilité aux mouvements du gouvernail, et il nous a permis d'exécuter au-dessus de Paris des évolutions nombreuses dans des directions différentes, et de remonter même, à plusieurs reprises, le courant aérien avec vent debout, comme ont pu le constater des milliers de spectateurs.

L'aérostat a été gonflé avec le grand appareil à gaz hydrogène dont nous avons parlé précédemment. A 4 heures de l'après-midi, il était entièrement arrimé et prêt à partir. Nous avons essayé à terre la machine dynamo-électrique ; mon frère et moi, nous sommes montés dans la nacelle avec un ancien marin, notre cordier, M. Lecomte, qui, ayant bien voulu se charger des manœuvres du gouvernail, a pris place à la partie supérieure de la cage de bambou, sur un petit banc de vigie construit spécialement à cet effet. L'ascension a eu lieu à 4 h. 20 m., au milieu des applaudissements et des clameurs d'une foule considérable réunie dans les environs. Mon frère Albert s'était chargé du jeu de lest destiné à maintenir l'aérostat au même niveau. M. Lecomte, tenant de chaque main les drosses du gouvernail, faisait virer de bord selon la direction que nous voulions prendre ; quant à moi, je m'occupais spécialement de faire fonctionner le moteur et de prendre le point.

A 400 mètres d'altitude, nous avons été entraînés par un vent assez vif du N.-O., et aussitôt l'hélice a été mise en mouvement, d'abord à petite vitesse ;

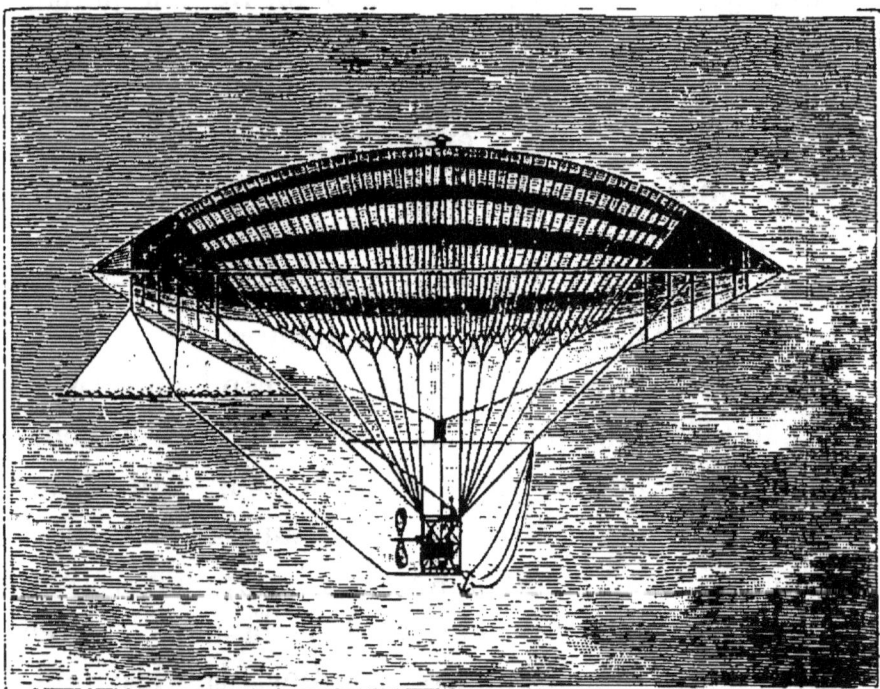

Fig. 92. — Aréostat électrique de MM. Tissandier frères avec son nouveau gouvernail. — Expérience du 26 septembre 1884.

quelques minutes après, tous les éléments de la pile montés en tension, ont donné leur maximum de débit. Grâce aux dimensions plus volumineuses de nos lames de zinc et à l'emploi d'une dissolution de bichromate de potasse plus chaude, plus acide et plus concentrée, il nous a été donné de disposer d'une force motrice effective de 1 cheval et demi environ, avec une rotation de l'hélice de 190 à 200 tours à la minute.

L'aérostat a d'abord suivi presque complètement la ligne du vent, puis il a viré de bord sous l'action du gouvernail et, décrivant une demi-circonférence, il a navigué vent debout. Nous sentions alors un air très vif qui soufflait avec assez de force et nous indiquait que nous luttions contre le courant. En prenant des points de repère sur la verticale, nous constations que nous nous rapprochions très lentement, mais sensiblement, de la direction d'Auteuil, ayant une complète stabilité de route. La vitesse du vent était environ de 3 mètres à la seconde, et notre vitesse propre, un peu supérieure, atteignait à peu près 4 mètres à la seconde. Nous avons ainsi remonté le vent au-dessus du quartier de Grenelle pendant plus de 10 minutes; ce mouvement d'évolution nous conduisit jusqu'au-dessus de l'église Saint-Lambert.

Nous avions constaté avant notre ascension, par le lancement de petits ballons d'essai, et par l'observation des nuages, que les courants aériens supérieurs étaient trop rapides pour qu'il pût nous être permis de revenir au point de départ; il nous eût été d'ailleurs de toute impossibilité de descendre dans notre terrain très exigu, et tout entouré d'arbres élevés et de constructions.

Après notre première évolution, la route fut changée et l'avant du ballon tenu vers l'Observatoire; on nous vit recommencer dans le quartier du Luxembourg une manœuvre de louvoyage tout à fait sem-

blable à celle que nous avions exécutée précédemment, et l'aérostat, la pointe avant contre le vent, a
encore navigué quelques minutes à courant contraire pour remonter ensuite d'une façon très appréciable dans la direction du nord.

Après avoir séjourné pendant 45 minutes au-
dessus de Paris, l'hélice a été arrêtée à la hauteur
du pont de Bercy, et l'aérostat laissé à lui-même,
tout en étant maintenu à une altitude à peu près
constante, a été aussitôt entraîné par un vent assez
rapide. Il passa au sud du bois de Vincennes. A
partir de cette localité, il nous a été facile de mesurer encore une fois, par le chemin parcouru au-
dessus du sol, notre vitesse de translation, et d'obtenir ainsi très exactement celle du courant aérien
lui-même. Cette vitesse n'était pas constante; elle
variait de 3 mètres à 5 mètres par seconde, et a
changé fréquemment pendant le cours de notre
expérience. Arrivés au-dessus de la Varenne-Saint-
Maur, à 5 h. 50 minutes, nous avions tout disposé
pour la descente, devenue nécessaire par l'approche
de la nuit. Le soleil se couchait au-dessus des brumes, quand nous remarquâmes que le vent dimi-
nuait sensiblement de vitesse. Mon frère me fit observer que puisque notre pile était loin d'être épuisée, nous pourrions profiter de cette accalmie pour
recommencer de nouvelles évolutions, ne serait-ce
que pendant quelques minutes. Aussitôt je pris mes
dispositions pour remettre la machine en mouvement; nous vîmes alors l'aérostat obéir facilement
à son action, et remonter avec beaucoup plus de

facilité que précédemment, le courant aérien devenu momentanément presque nul. Si nous avions eu encore une heure devant nous, il ne nous aurait pas été impossible de revenir vers Paris.

Cette manœuvre, à notre grand regret, dut être arrêtée promptement; il ne fallait pas songer à retarder plus longtemps la descente.

L'atterrissage eut lieu près du bois Servon, à Marolles-en-Brie, canton de Boissy-Saint-Léger (Seine-et-Oise), à une distance de 25 kilomètres du point de départ, après un séjour de 2 heures consécutives dans l'atmosphère.

Le vent de terre était assez vif; notre guide-rope fut incapable de nous arrêter. Il fallut jeter l'ancre, qui ne mordit pas immédiatement, et notre nacelle eut à subir l'action de deux légers chocs qui nous permirent d'éprouver la solidité de notre matériel. Il n'y eut absolument rien d'endommagé.

La nouvelle disposition que nous avons adoptée mon frère et moi pour le gouvernail, nous parait devoir être signalée, comme très favorable à la stabilité de route. Cet organe, confectionné en tissu de percaline lustrée, est placé à la pointe-arrière extrême et il fait sensiblement saillie au delà de cette pointe. Il est divisé en deux parties bien distinctes; la moitié de sa surface, environ, est maintenue rigide et constitue la quille du navire aérien, tandis que le gouvernail proprement dit, qui forme la suite de cette quille, peut être incliné à droite et à gauche et déterminer, quand l'hélice est en rotation, un mouvement correspondant de tout l'appareil. Le gouvernail et la quille, tendus par des cordelettes, sont montés sur un châssis de bambou, relié d'une part aux brancards longitudinaux de l'aérostat, et d'autre part à une pièce de bois de noyer très solide, fixée au-dessous de l'hélice, à la partie inférieure de la nacelle.

La translation de l'aérostat dans l'air est facilitée par la rigidité de sa surface, et un ballon dirigeable doit être toujours bien gonflé. Notre navire aérien est muni, à sa partie inférieure, d'une soupape automatique qui favorise ces conditions. Elle est réglée de telle sorte qu'elle augmente sensiblement la pression intérieure, tout en permettant à l'excès de gaz formé par la dilatation, de s'échapper au dehors.

L'ascension du 26 septembre 1884 aura donné une démonstration expérimentale de la direction des aérostats fusiformes symétriques avec hélice à l'arrière; et cela, sans qu'il ait été nécessaire de rapprocher, dans la construction, les centres de traction et de résistance. La disposition que nous avons adoptée favorise considérablement la stabilité du système, sans exclure la possibilité de confectionner des aérostats très allongés et de très grande dimension, qui pourront seuls assurer l'avenir de la locomotion atmosphérique.

Les expériences et les constructions dont nous venons de donner la description, ont été exécutées avec des ressources tout à fait insuffisantes, et si nous ne les continuons pas, c'est qu'elles dépassent absolument la somme d'efforts que peuvent fournir des expérimentateurs isolés, livrés à eux-mêmes, quelles que soient leur énergie et leur volonté.

Il nous fallait, le jour de nos essais, recourir à des hommes de manœuvre inexpérimentés que nous devions chercher au hasard au moment voulu, la veille de nos expériences, et qui parfois entravaient nos opérations, au lieu de les faciliter ; nous passions la nuit sur notre terrain pour être prêts à faire nos préparatifs vers trois heures du matin. Nous n'avions pas de hangar d'abri pour remiser l'aérostat gonflé ; nous étions contraints de tout faire par nous-mêmes, mon frère s'occupant du gonflement, et moi de la fabrication du gaz.]

Ceux qui se contentent de faire des projets et de les esquisser sur le papier, ne se doutent assurément pas des efforts qu'il faut réaliser pour les mettre à exécution, dans le domaine expérimental.

Les dépenses que nous avons dû faire de nos propres deniers, ont dépassé cinquante mille francs. Les subventions que nous avons reçues de quelques sociétés savantes et de généreux donateurs, n'ont pas atteint le chiffre de quatre mille francs.

Mais mon frère et moi, nous ne regrettons ni notre travail, ni nos fatigues, ni notre argent, si nos essais ont pu apporter quelques progrès à la navigation aérienne.

IV

Organisation d'une usine aéronautique militaire à Chalais-Meudon.
— M. le colonel Laussedat, président de la commission des
Aérostats. — Construction d'un aérostat dirigeable électrique par
MM. C. Renard et A. Krebs. — Expériences de 1884 et de 1885.

Après la funeste guerre de 1870, dès que l'on
s'occupa de la réorganisation de notre armée, le
ministre de la guerre nomma une commission
d'aérostats sous la présidence de M. le colonel
Laussedat, qui avait pris l'initiative de la création
d'un service de ballons captifs. M. le colonel Laussedat s'occupa aussi de la question des aérostats
dirigeables, et plusieurs projets furent étudiés avec
le concours de M. le capitaine Renard et de M. le
capitaine de la Haye. Quelques années plus tard,
M. le capitaine Renard fut nommé directeur de
l'usine de Chalais-Meudon, qui avait été orga-
nisée préalablement, et dans laquelle on avait
transporté une des nefs de l'Exposition universelle
de 1878. M. le capitaine Krebs fut bientôt adjoint
au capitaine Renard, et tous deux construisirent
en collaboration, à la suite de mes premiers essais

de l'Exposition d'électricité, un aérostat pisciforme muni d'une hélice à l'avant. Cette hélice était actionnée par une machine dynamo très puissante et une pile électrique aux bichromates alcalins et de disposition spéciale.

Le 9 août 1884, MM. Renard et Krebs accomplirent pour la première fois un voyage aérien à courbe fermée, pendant lequel il leur fut possible de revenir à leur point de départ. Voici en quels termes ils ont communiqué à l'Académie des sciences le résultat de cette mémorable expérience dans une note qui a été présentée à l'Assemblée par un de ses membres les plus éminents, M. Hervé Mangon[1] :

Un essai de navigation aérienne, couronné d'un plein succès, vient d'être accompli dans les ateliers militaires de Chalais.

Le 9 août, à 4 heures du soir, un aérostat de forme allongée, muni d'une hélice et d'un gouvernail, s'est élevé en ascension libre, monté par MM. le capitaine du génie Renard, directeur de l'établissement, et le capitaine d'infanterie Krebs, son collaborateur depuis six ans. Après un parcours total de 7^{km},6, effectué en vingt-trois minutes, le ballon est venu atterrir à son point de départ, après avoir exécuté une série de manœuvres avec une précision comparable à celle d'un navire à hélice évoluant sur l'eau.

La solution de ce problème, tentée déjà en 1855, en employant la vapeur, par M. Henri Giffard[2], en 1872 par M. Dupuy de Lôme, qui utilisa la force musculaire

---

1. Note présentée à l'Académie des sciences, le 18 août 1884.
2. Nous rectifierons ici une légère erreur de date. La première expérience de M. Henri Giffard dans un aérostat à vapeur à hélice a été exécutée, comme on l'a vu précédemment, en 1852.

des hommes, et enfin l'année dernière par M. Tissandier, qui le premier a appliqué l'électricité à la propulsion des ballons, n'avait été, jusqu'à ce jour, que très imparfaite, puisque, dans aucun cas, l'aérostat n'était revenu à son point de départ.

Nous avons été guidés dans nos travaux par les études de M. Dupuy de Lôme, relatives à la construction de son aérostat de 1870-72, et de plus, nous nous sommes attachés à remplir les conditions suivantes :

Stabilité de route obtenue par la forme du ballon et la disposition du gouvernail; diminution des résistances à la marche par le choix des dimensions; rapprochement des centres de traction et de résistance pour diminuer le moment perturbateur de stabilité verticale; enfin, obtention d'une vitesse capable de résister aux vents régnant les trois quarts du temps dans notre pays.

L'exécution de ce programme et les études qu'il comporte ont été faites par nous en collaboration; toutefois, il importe de faire ressortir la part prise plus spécialement par chacun de nous dans certaines parties de ce travail.

L'étude de la disposition particulière de la chemise de suspension, la détermination du volume du ballonnet, les dispositions ayant pour but d'assurer la stabilité longitudinale du ballon, le calcul des dimensions à donner aux pièces de la nacelle, et enfin l'invention et la construction d'une pile nouvelle, d'une puissance et d'une légèreté exceptionnelles, ce qui constitue une des parties essentielles du système, sont l'œuvre personnelle de M. le capitaine Renard.

Les divers détails de construction du ballon, son mode de réunion avec la chemise, le système de construction de l'hélice et du gouvernail, l'étude du moteur électrique calculé d'après une méthode nouvelle basée sur des expériences préliminaires, permettant de déterminer tous ses éléments pour une force donnée, sont l'œuvre de M. Krebs, qui, grâce à des dispositions spéciales, est parvenu à établir cet appareil dans les conditions de légèreté inusitées.

Les dimensions principales du ballon sont les suivantes : longueur, 50ᵐ,42; diamètre, 8ᵐ,40; volume, 1864 mètres.

L'évaluation du travail nécessaire pour imprimer à l'aérostat une vitesse donnée a été faite de deux manières :

1° En partant des données posées par M. Dupuy de Lôme et sensiblement vérifiées dans son expérience de février 1872; 2° en appliquant la formule admise dans la marine pour passer d'un navire connu à un autre de formes très peu différentes et en admettant que, 'dans le cas du ballon, les travaux sont dans le rapport des densités des deux fluides.

Les quantités indiquées en suivant ces deux méthodes concordent à peu près et ont conduit à admettre, pour obtenir une vitesse par seconde de 8 à 9 mètres, un travail de traction utile de 5 chevaux de 75 kilogrammètres, ou, en tenant compte des rendements de l'hélice et de la machine, un travail électrique sensiblement double, mesuré aux bornes de la machine.

La machine motrice a été construite de manière à pouvoir développer sur l'arbre 8,5 chevaux, représentant, pour le courant aux bornes d'entrée, 12 chevaux. Elle transmet son mouvement à l'arbre de l'hélice par l'intermédiaire d'un pignon engrenant avec une grande roue.

La pile est divisée en quatre sections pouvant être groupées en surface ou en tension de trois manières différentes. Son poids, par cheval-heure, mesuré aux bornes, est de 19ᵏᵍ,350.

Quelques expériences ont été faites pour mesurer la traction au point fixe, qui a atteint le chiffre de 60 kilogrammes pour un travail électrique développé de 840 kilogrammes et de 46 tours d'hélice par minute

Deux sorties préliminaires dans lesquelles le ballon était équilibré et maintenu à une cinquantaine de mètres au-dessus du sol ont permis de connaître la puissance de giration de l'appareil. Enfin, le 9 août, les poids enlevés étaient les suivants (force ascensionnelle totale environ 2000 kilogrammes) :

Ballon et ballonnet.	569 kg
Chemise et filet.	127
Nacelle complète.	452
Gouvernail.	46
Hélice	41
Machine	98
Bâti et engrenage	47
Arbre moteur.	30,500
Pile, appareils et divers.	435,500
Aéronautes.	140
Lest	214
Total.	2000 kg

A 4 heures du soir, par un temps presque calme, l'aérostat, laissé libre et possédant une très faible force ascensionnelle, s'élevait lentement jusqu'à hauteur des plateaux environnants. La machine fut mise en mouvement, et bientôt, sous son impulsion, l'aérostat accélérait sa marche, obéissant fidèlement à la moindre indication de son gouvernail.

La route fut d'abord tenue nord-sud, se dirigeant sur le plateau de Châtillon et de Verrières; à hauteur de la route de Choisy à Versailles, et pour ne pas s'engager au-dessus des arbres, la direction fut changée et l'avant du ballon dirigé sur Versailles.

Au-dessus de Villacoublay, nous trouvant éloignés de Chalais d'environ 4 kilomètres et entièrement satisfaits de la manière dont le ballon se comportait en route, nous décidions de revenir sur nos pas et de tenter de descendre sur Chalais même, malgré le peu d'espace découvert laissé par les arbres. Le ballon exécuta son demi-tour sur la droite avec un angle très faible (environ 11°) donné au gouvernail. Le diamètre du cercle décrit fut d'environ 300 mètres. Le dôme des Invalides, pris comme point de direction, laissait alors Chalais un peu à gauche de la route.

Arrivé à hauteur de ce point, le ballon exécuta, avec autant de facilité que précédemment, un changement de direction sur sa gauche; et bientôt il venait planer à 300 mètres au-dessus de son point de départ. La tendance à descendre que possédait le ballon à ce moment fut accusé davantage par une manœuvre de la soupape. Pendant ce temps il fallut, à plusieurs reprises, faire machine en arrière et en avant, afin de ramener le ballon au-dessus du point choisi pour l'atterrissage. A 80 mètres au-dessus du sol, une corde larguée du ballon fut saisie par des hommes, et l'aérostat fut ramené dans la prairie même d'où il était parti.

Chemin parcouru avec la machine, mesuré sur le sol.	$7^{km},600$
Durée de cette période.	23^{m}
Vitesse moyenne à la seconde[1].	$5^{m},50$
Nombre d'éléments employés.	32
Force électrique dépensée aux bornes à la machine	250^{kgm}
Rendement probable de la machine.	0,70
Rendement probable de l'hélice.	0,70
Rendement total, environ	1/2
Travail de traction.	123^{kgm}
Résistance approchée du ballon.	$22^{kil},800$

A plusieurs reprises, pendant la marche, le ballon eut à subir des oscillations de 2° à 3° d'amplitude, analogues au tangage; ces oscillations peuvent être attribuées soit à des irrégularités de forme, soit à des courants d'air locaux dans le sens vertical.

Ce premier essai sera suivi prochainement d'autres expériences faites avec la machine au complet, permettant d'espérer des résultats encore plus concluants.

Nous ajouterons à cette notice quelques détails complémentaires sur l'aérostat électrique de Chalais-Meudon.

Le ballon proprement dit est enveloppé d'une housse ou chemise de suspension, dans laquelle il se trouve parfaitement sanglé de toutes parts, sauf à la partie inférieure. L'avant est d'un diamètre

Fig. 93. — L'aérostat dirigeable électrique de MM. les capitaines Renard et Krebs, expérimenté le 9 août 1884.

plus considérable que l'arrière, exactement comme le représente notre gravure, exécutée d'après nature (fig. 93). La nacelle est formée de quatre perches rigides de bambous, reliées entre elles par des montants transversaux. Elle a environ 33 mètres de longueur, et 2 mètres de hauteur au milieu. Trois

petites fenêtres latérales sont réservées vers le
milieu, afin que les aéronautes puissent voir l'horizon et distinguer la terre. Cette nacelle; très légère
et de forme élégante, est recouverte de soie de Chine
tendue sur ses parois. Cette enveloppe a pour but
de diminuer la résistance de l'air, et de faciliter le
passage du système à travers le milieu ambiant.
L'hélice est à l'avant de la nacelle; elle est formée
de deux palettes, et a environ 7 mètres de diamètre;
elle est faite à l'aide de deux tiges de bois reliées
entre elles par des lattes recourbées suivant épure
géométrique, et recouverte d'un tissu de soie vernie
parfaitement tendu.

La nacelle est reliée à l'aérostat par une série de
cordes de suspension très légères réunies, entre
elles au moyen d'une corde longitudinale qui, attachée vers le milieu, donne de la rigidité au système.
Le gouvernail, placé à l'arrière, est à peu près rectangulaire, ses deux surfaces en étoffe de soie, bien
tendues, forment légèrement saillie, en pyramides
à 4 faces do très faible hauteur. Le navire aérien
est muni de deux tuyaux qui descendent dans la
nacelle; l'un de ces tuyaux est destiné à remplir d'air
le ballonnet compensateur, au moyen d'un ventilateur que l'on fait fonctionner dans la nacelle; le
second tuyau sert probablement à assurer une
issue à l'excès de gaz produit par la dilatation. A
l'arrière de la nacelle, deux grandes palettes en
forme de rames sont fixées horizontalement. L'hélice est actionnée par une machine dynamo-électrique, et le générateur d'électricité est une pile

au sujet de laquelle M. le capitaine Renard a voulu garder le secret. On nous a assuré qu'elle est constituée par une pile au bichromate de potasse ou de soude, analogue à celle que nous avons employée.

Le 28 octobre 1884, les expérimentateurs renou-

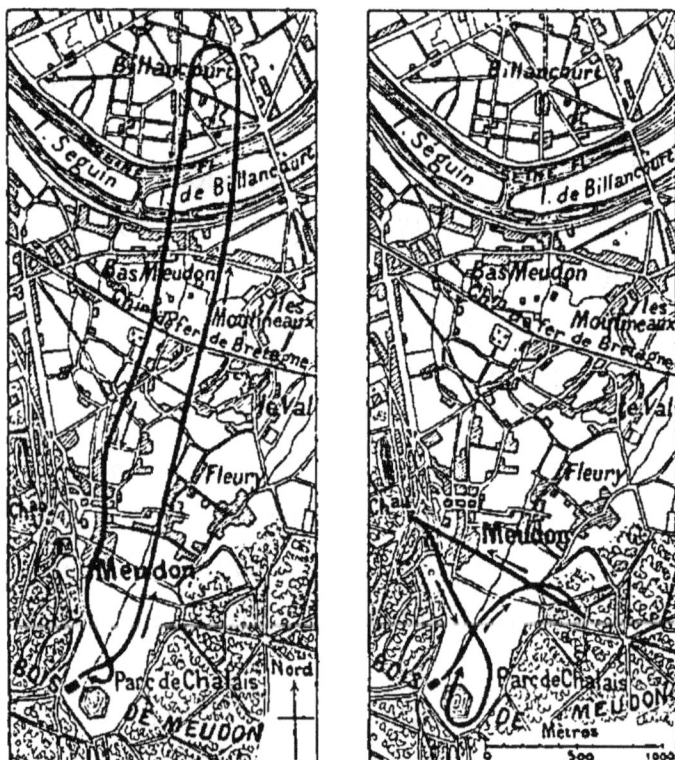

Fig. 94. — Cartes des deux ascensions exécutées par MM. C. Renard et Krebs le 28 octobre 1884.

velèrent une nouvelle expérience qui réussit très favorablement. Il leur fut donné de faire deux ascensions dans la même journée et de revenir deux fois au point de départ (fig. 94).

A la fin de l'année 1884, M. le capitaine Krebs fut réintégré dans le corps des sapeurs-pompiers,

M. le capitaine Renard ne cessa pas, alors, de perfectionner le matériel. Il fit construire par M. Gramme une nouvelle machine dynamo-élec-trique, et modifia quelque peu la batterie.

C'est le 25 août 1885 que M. le capitaine Renard a exécuté, avec le concours de son frère, une nou-velle expérience dans l'aérostat dirigeable. L'ascen-sion a eu lieu vers quatre heures ; le vent était assez vif, mais l'aérostat dirigeable, sous le jeu de son hélice, n'en a pas moins résisté au courant aérien ; il a pu accomplir avec plein succès de nombreuses manœuvres de direction, sans toutefois revenir à son point de départ. L'atterrissage a eu lieu dans l'enclos de la ferme Villacoublay, près du Petit-Bicêtre.

Le 22 septembre 1885, un autre essai donna un résultat satisfaisant. L'aérostat dirigeable s'avança jusque vers les fortifications de Paris dans le voisi-nage du Point-du-Jour, et revint avec la plus grande facilité à son point de départ.

Ces expériences, toujours entreprises par temps calme, ont été favorisées par le hangar d'abri où le navire aérien attend tout gonflé le moment favorable : elles n'en constituent pas moins un des plus grands résultats de la science moderne.

V

L'AVENIR DE LA NAVIGATION AÉRIENNE

Conclusions à tirer des essais exécutés dans les aérostats allongés
à hélice. — Avantages des grands ballons. — La question du
propulseur. — Propulseur à ailes de M. Pompéien Piraud. —
Propulseur de M. Debayeux. — L'hélice. — L'avenir des navires
aériens à hélice.

On a vu, par les expériences dont nous avons précédemment donné le récit, que des aérostats allongés
munis d'un propulseur à hélice, ont pu successivement atteindre des vitesses propres de trois, quatre,
cinq et six mètres par seconde, et se diriger d'une
façon complète, pendant une durée limitée et par
temps calme.

Le progrès est tout indiqué par ces essais; il
faut s'efforcer de construire des moteurs plus légers qui, sous le même poids, produiront une force
plus considérable, et donneront au navire aérien
une vitesse propre, capable de lui permettre de
fonctionner par un vent d'une intensité appréciable.

Nous ferons remarquer que l'on aura en outre
tout avantage à construire de très grands aérostats,

*parce que la résistance n'augmente que comme leur
surface et la force ascensionnelle comme le cube des
dimensions.*

Les objections qui ont été faites à la possibilité de
diriger les aérostats, sont tombées successivement
devant l'expérience. Le ballon, a-t-on dit, ne peut
pas trouver de point d'appui dans l'air. Erreur complète : l'aérostat à hélice prend son point d'appui
dans l'air, exactement comme un bateau sous-marin
à hélice entièrement immergé dans l'eau, le trouve
dans l'eau ; il n'y a de différence que celle qui résulte
de la densité des deux fluides. Tandis que l'hélice du
bateau est petite, celle du ballon doit être grande.
Le ballon, a-t-on dit encore, sera incapable de résister à la pression de l'air : il sera écrasé, mis en
pièces, par son passage à travers le milieu ambiant. Erreur complète. Quand l'aérostat a une
forme allongée, que son étoffe est rigide par la
tension du gaz, il peut très bien pénétrer avec
vitesse dans l'air où il se meut ; cela sera d'autant
plus facile à réaliser que les aérostats dirigeables
seront plus volumineux, et que leur étoffe sera
plus solide. On a rappelé à ce propos que le
ballon captif de Henri Giffard avait été éventré
par le vent ; mais cette objection est profondément
injuste, car ce grand aérostat a fonctionné pendant
toute une saison, sans aucune avarie ; il a résisté à
terre à de très grands vents, quand il était bien gonflé, et il n'a été déchiré que par une véritable tempête, qui enlevait les toits, alors qu'on avait négligé
le soin de le tenir plein. De ce qu'un navire à vapeur

est englouti par un cyclone, on n'en conclut pas qu'il faut renoncer à la navigation maritime.

On sera conduit à se demander, pour aller plus loin dans la construction des aérostats dirigeables, s'il n'y a pas une meilleure forme à leur donner que celles qui ont été essayées jusqu'ici. Nous croyons que la forme adoptée par les officiers de Chalais-Meudon est excellente; mais on pourra

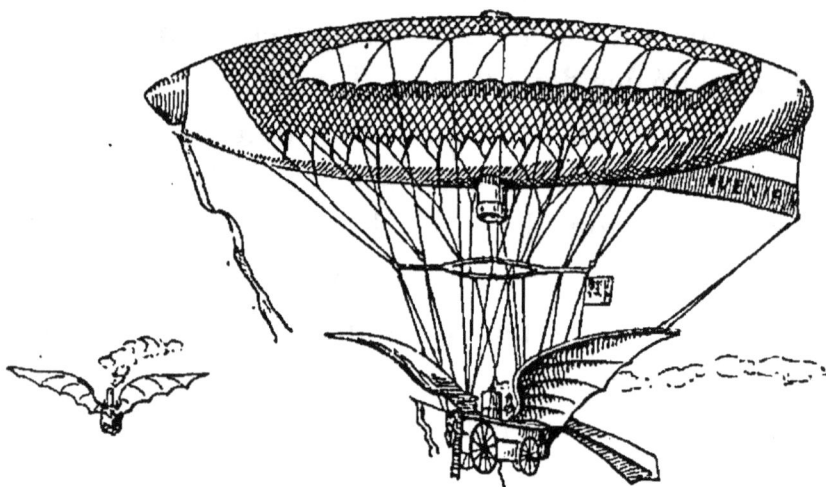

Fig. 95. — Projet d'un propulseur à ailes de M. Pompéien Piraud.

arriver par la suite à un allongement du navire aérien plus considérable encore.

Quant au propulseur, il n'y a pas à hésiter à adopter l'hélice, qui offre jusqu'ici les meilleures conditions de fonctionnement. Dans ces dernières années, deux tentatives de construction d'aérostats allongés, dont les propulseurs étaient des systèmes autres que les hélices, ont été faites, et n'ont pas donné de bon résultats. En 1883, M. Pompéien

Piraud se proposa d'expérimenter un ballon fusi-
forme, qu'une machine à vapeur devait faire
fonctionner au moyen d'ailes battantes (fig. 95).
Cette machine ne fut jamais construite, et l'inventeur fit une ascension à Valence, le 14 juillet 1883,
avec une nacelle ordinaire. Il n'y eut donc pas essai
de direction. Nous reproduisons l'expérience de
Valence d'après une photographie instantanée[1] qui
montre que l'aérostat réel était loin de ressembler
au projet figuré dans le travail de M. Pompéien
Piraud[2] (fig. 96).

Une autre tentative de navigation aérienne a
été faite récemment par M. Debayeux, qui avait
d'abord construit un petit aérostat d'expérimentation. Ce modèle consistait en un ballon cylindrique, terminé par deux parties hémisphériques.
Un moulinet placé à l'avant, faisait appel d'air,
et déterminait la marche du système. Nous avons
assisté aux essais, et nous n'avons, nous devons
l'avouer, jamais compris les théories de l'auteur,
qui prétendait avoir trouvé un principe nouveau.

Le moulinet, a dit M. Alfred Chapel, qui s'est
chargé d'expliquer le système Debayeux, agit de
trois manières à la fois :

1° En produisant un vide partiel devant le ballon
où celui-ci tombe; 2° En aspirant l'air ou le vent, le

---

1. Cette photographie nous a été communiquée par un habile
praticien, M. Peyrouze.
2. *Navigation aérienne*, direction des ballons. Notes sur le ballon et l'appareil de direction et d'aviation inventé et construit
par J. C. Pompéien Piraud, 1 broch. in-8°, Lyon, 1885.

Fig. 96. — Expérience de M. Pompéien Piraud, exécutée à Valence le 14 juillet 1884.
(D'après une photographie instantanée.)

moulinet projette cet air aspiré du centre à la circonférence, de sorte que le ballon est soustrait à
la pression du vent. 3° L'air lancé dans le rayonne-
ment forme bientôt une espèce de chemise à l'aérostat,
capable de former une barrière assez puissante contre
les vents obliques (fig. 97).

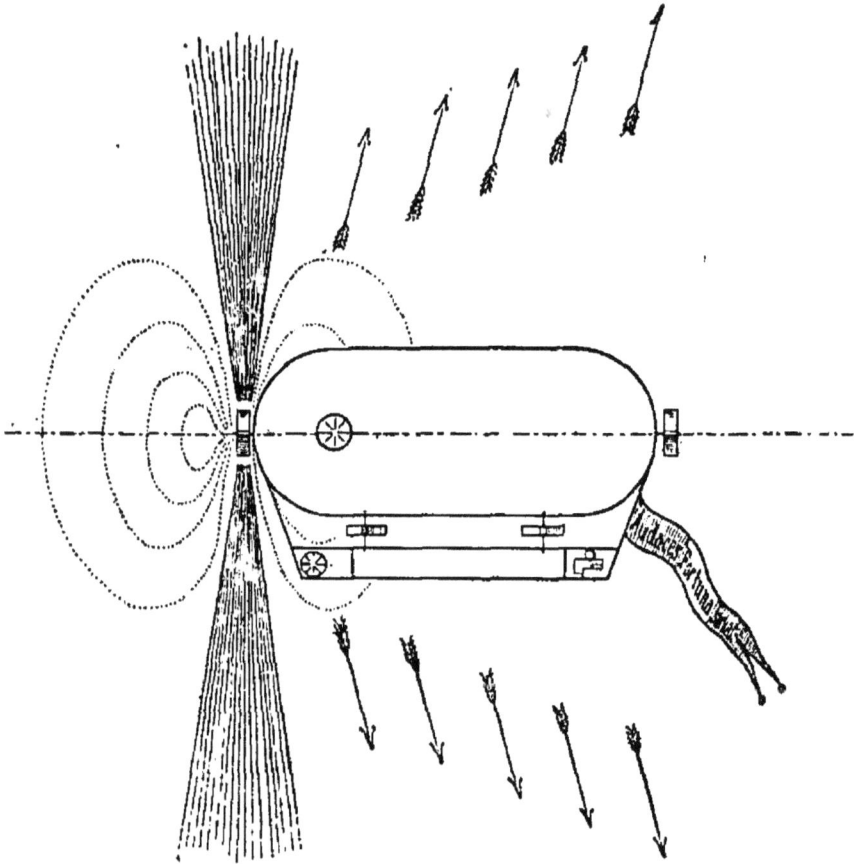

Fig. 97. — Schéma du propulseur de M. Debayeux

Si l'on admet cette explication, on peut l'appliquer à tout propulseur hélicoïdal, et le moulinet
Debayeux ne saurait exclure la nécessité d'avoir
une force motrice puissante pour le faire fonctionner avec quelque efficacité.

M. Debayeux trouva des capitalistes, parmi lesquels nous citerons un représentant d'Edison, et .
M. Frédéric Gower, l'inventeur du système de
téléphone qui porte son nom, et qui s'est perdu en
mer pendant le cours d'une ascension exécutée à
Cherbourg, le 18 juillet 1885. M. Debayeux fit édi-
fier à Villeneuve-Saint-Georges un grand hangar de
remisage qui ne coûta pas moins de 30 000 francs.
Il construisit un aérostat en baudruche, substance
très coûteuse et peu avantageuse, de 3000 mètres
cubes, et le munit du moulinet d'aspiration et d'une
machine motrice de 5 chevaux, comme le montre
notre gravure faite d'après une photographie qui
nous a été communiquée par M. Gower (fig. 98).
On essaya d'abord d'expérimenter le système à l'état
captif, mais on s'aperçut que l'aérostat manquait
de stabilité, que la machine ne fonctionnait pas
bien. Il fallut renoncer à ces essais, qui ont coûté
plus de 200 000 francs.

Il n'y a certainement aucun intérêt à abandonner l'hélice, qui est le meilleur des propulseurs,
ni à sortir de la voie qui a été tracée par Giffard,
étudiée par Dupuy de Lôme, et mise en pratique
par MM. Tissandier frères et les capitaines Renard
et Krebs au moyen des moteurs électriques.

Il n'y a plus qu'à faire encore un pas en avant
avec des appareils plus puissants, plus légers et
des aérostats plus volumineux. Les moteurs électriques tels qu'ils existent aujourd'hui, nécessitent
un générateur d'électricité, une pile primaire ou
secondaire, dont le poids est malheureusement

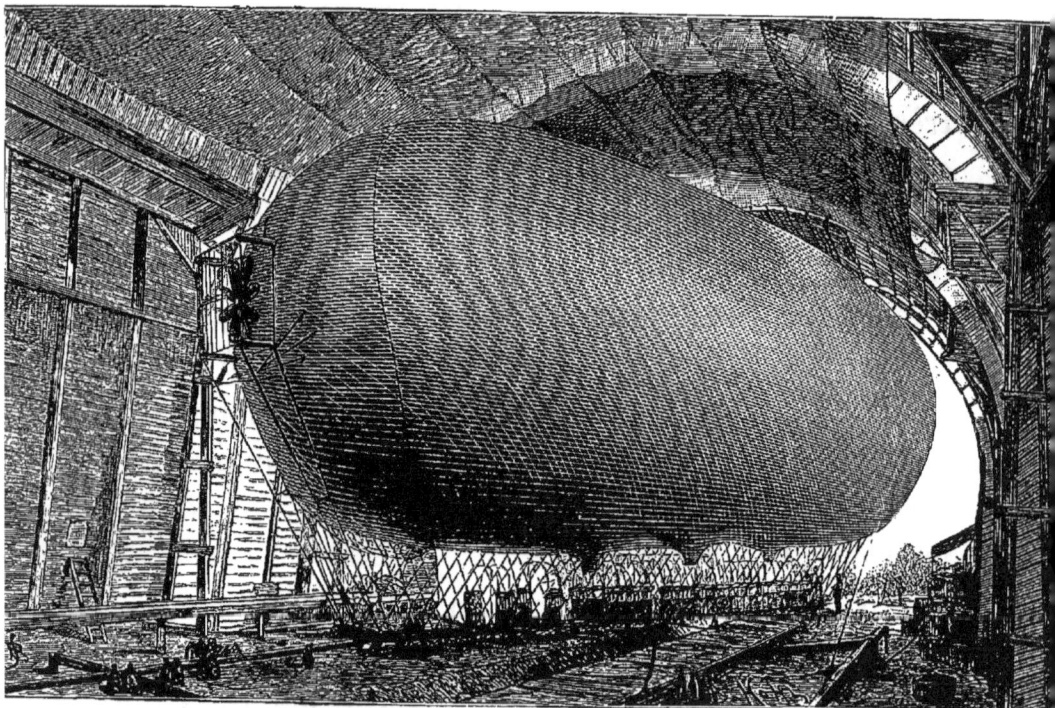

Fig. 98 — Aérostat construit par M. Debayeux. (D'après une photographie communiquée par M. F. Gower.)

encore assez considérable. Ils offrent des avantages incontestables, au point de vue de la constance de poids, de l'absence du feu et de la facilité de mise en marche et d'arrêt, mais il n'est assurément pas impossible de recourir aux machines à vapeur pour les navires aériens de grande puissance. Le danger du feu pourrait être évité, en prenant des dispositions spéciales, en isolant le foyer dans un treillis de toiles métalliques, par exemple. Quant à la diminution de poids résultant de l'évaporation de l'eau et de la combustion du charbon, elle serait réduite à son minimum en employant des condenseurs à grande surface qui feraient liquéfier la vapeur entraînée. Si l'on recourait au pétrole pour alimenter la chaudière, la vapeur d'eau fournie par la combustion de l'hydrocarbure, devrait être également condensée.

Les moteurs à gaz pourraient être encore étudiés très avantageusement au point de vue de la navigation aérienne; il ne serait pas impossible de simplifier leurs organes pour les rendre beaucoup moins massifs et moins lourds que ceux dont l'industrie fait usage. Les moteurs à acide carbonique et à air comprimé doivent être aussi considérés comme dignes d'être expérimentés dans ce but spécial.

Nous avons la persuasion qu'un avenir immense s'ouvre à la navigation aérienne. Une fois qu'elle sera mise en pratique, on verra les perfectionnements et les progrès se succéder, et les machines motrices qu'elle exigera, devenant de plus en plus légères, on en arrivera peut-être à pouvoir aborder résolument la construction d'appareils plus lourds que l'air.

En attendant, les aérostats à hélice seront à même de fournir de nouvelles et puissantes ressources à l'activité humaine : engins de guerre formidables, ils permettront en outre à l'explorateur d'aborder par la voie des airs les régions inaccessibles comme le pôle Nord; ils donneront aux voyageurs le moyen de se transporter d'un point à un autre avec une vitesse inouïe, quand la vitesse propre du navire aérien s'ajoutera à celle d'un vent favorable.

Mais pour voir s'accomplir une telle révolution industrielle, il faut se mettre à l'œuvre; il faut ici, comme dans toutes les créations, se rappeler que le secret du succès réside dans un mot que prononçait Stephenson à la fin de sa vie, et qu'il donnait à des ouvriers comme le talisman des grandes choses. Ce mot est le suivant :

PERSÉVÉRANCE.

TABLE DES GRAVURES

TABLE DES MATIÈRES

QUATRIÈME PARTIE

LES NAVIRES AÉRIENS A HÉLICE.

FIN DE LA TABLE DES MATIÈRES.

12787. — IMPRIMERIE GÉNÉRALE A. LAHURE
9, rue de Fleurus, 9, à Paris.

www.ingramcontent.com/pod-product-compliance
Lightning Source LLC
Chambersburg PA
CBHW070342200326
41518CB00008BA/1111